U0336830

同济博士论丛
TONGJI Dissertation Series
总主编 伍 江 副总主编 雷星晖

严尧 徐鉴 著

外圆磨削中的
再生颤振机理及其抑制

Regenerative Chatter in Cylindrical
Grinding and Its Suppression

同济大学 出版社
TONGJI UNIVERSITY PRESS

内 容 提 要

金属切削效率及质量受到多种振动的影响,其中常见的一类源自工件和刀具之间的切削作用力,称作再生颤振。本书提出通过不断增加外激励的幅值,成功地用一个小振幅的受迫振动替代了大振幅磨削颤振,从而进一步降低了再生颤振对于磨削加工的不利影响。本书适合相关专业高校师生、研究人员阅读。

图书在版编目(CIP)数据

外圆磨削中的再生颤振机理及其抑制 / 严尧,徐鉴
著. —上海:同济大学出版社,2019.7
(同济博士论丛 / 伍江总主编)
ISBN 978 - 7 - 5608 - 8696 - 1

Ⅰ. ①外⋯ Ⅱ. ①严⋯ ②徐⋯ Ⅲ. ①外圆磨削—颤
振—研究 Ⅳ. ①TG580.63

中国版本图书馆 CIP 数据核字(2019)第 165211 号

外圆磨削中的再生颤振机理及其抑制

严 尧 徐 鉴 著

出 品 人	华春荣		责任编辑	王有文	熊磊丽
责任校对	谢卫奋		封面设计	陈益平	

出版发行　同济大学出版社　　　www. tongjipress. com. cn
　　　　　　(地址:上海市四平路 1239 号　邮编:200092　电话:021 - 65985622)
经　　销　全国各地新华书店
排版制作　南京展望文化发展有限公司
印　　刷　浙江广育爱多印务有限公司
开　　本　787 mm×1092 mm　　1/16
印　　张　11.25
字　　数　225 000
版　　次　2019 年 7 月第 1 版　　2019 年 7 月第 1 次印刷
书　　号　ISBN 978 - 7 - 5608 - 8696 - 1

定　　价　55.00 元

本书若有印装质量问题,请向本社发行部调换　　　版权所有　侵权必究

"同济博士论丛"编写领导小组

组　　　长：杨贤金　钟志华

副　组　长：伍　江　江　波

成　　　员：方守恩　蔡达峰　马锦明　姜富明　吴志强
　　　　　　徐建平　吕培明　顾祥林　雷星晖

办公室成员：李　兰　华春荣　段存广　姚建中

"同济博士论丛"编辑委员会

总 主 编：伍 江

副 总 主 编：雷星晖

编委会委员：（按姓氏笔画顺序排列）

丁晓强　万　钢　马卫民　马在田　马秋武　马建新

王　磊　王占山　王华忠　王国建　王洪伟　王雪峰

尤建新　甘礼华　左曙光　石来德　卢永毅　田　阳

白云霞　冯　俊　吕西林　朱合华　朱经浩　任　杰

任　浩　刘　春　刘玉擎　刘滨谊　闫　冰　关佶红

江景波　孙立军　孙继涛　严国泰　严海东　苏　强

李　杰　李　斌　李风亭　李光耀　李宏强　李国正

李国强　李前裕　李振宇　李爱平　李理光　李新贵

李德华　杨　敏　杨东援　杨守业　杨晓光　肖汝诚

吴广明　吴长福　吴庆生　吴志强　吴承照　何品晶

何敏娟　何清华　汪世龙　汪光焘　沈明荣　宋小冬

张　旭　张亚雷　张庆贺　陈　鸿　陈小鸿　陈义汉

陈飞翔　陈以一　陈世鸣　陈艾荣　陈伟忠　陈志华

邵嘉裕　苗夺谦　林建平　周　苏　周　琪　郑军华

郑时龄　赵　民　赵由才　荆志成　钟再敏　施　骞

施卫星　施建刚　施惠生　祝　建　姚　熹　姚连璧

袁万城　莫天伟　夏四清　顾　明　顾祥林　钱梦騄

徐　政　徐　鉴　徐立鸿　徐亚伟　凌建明　高乃云

郭忠印　唐子来　阎耀保　黄一如　黄宏伟　黄茂松

戚正武　彭正龙　葛耀君　董德存　蒋昌俊　韩传峰

童小华　曾国荪　楼梦麟　路秉杰　蔡永洁　蔡克峰

薛　雷　霍佳震

秘书组成员：谢永生　赵泽毓　熊磊丽　胡晗欣　卢元姗　蒋卓文

总　序

　　在同济大学110周年华诞之际,喜闻"同济博士论丛"将正式出版发行,倍感欣慰。记得在100周年校庆时,我曾以《百年同济,大学对社会的承诺》为题作了演讲,如今看到付梓的"同济博士论丛",我想这就是大学对社会承诺的一种体现。这110部学术著作不仅包含了同济大学近10年100多位优秀博士研究生的学术科研成果,也展现了同济大学围绕国家战略开展学科建设、发展自我特色,向建设世界一流大学的目标迈出的坚实步伐。

　　坐落于东海之滨的同济大学,历经110年历史风云,承古续今、汇聚东西,秉持"与祖国同行、以科教济世"的理念,发扬自强不息、追求卓越的精神,在复兴中华的征程中同舟共济、砥砺前行,谱写了一幅幅辉煌壮美的篇章。创校至今,同济大学培养了数十万工作在祖国各条战线上的人才,包括人们常提到的贝时璋、李国豪、裘法祖、吴孟超等一批著名教授。正是这些专家学者培养了一代又一代的博士研究生,薪火相传,将同济大学的科学研究和学科建设一步步推向高峰。

　　大学有其社会责任,她的社会责任就是融入国家的创新体系之中,成为国家创新战略的实践者。党的十八大以来,以习近平同志为核心的党中央高度重视科技创新,对实施创新驱动发展战略作出一系列重大决策部署。党的十八届五中全会把创新发展作为五大发展理念之首,强调创新是引领发展的第一动力,要求充分发挥科技创新在全面创新中的引领作用。要把创新驱动发展作为国家的优先战略,以科技创新为核心带动全面创新,以体制机制改革激发创新活力,以高效率的创新体系支撑高水平的创新型国家建设。作为人才培养和科技创新的重要平台,大学是国家创新体系的重要组成部分。同济大学理当围绕国家战略目标的实现,作出更大的贡献。

大学的根本任务是培养人才,同济大学走出了一条特色鲜明的道路。无论是本科教育、研究生教育,还是这些年摸索总结出的导师制、人才培养特区,"卓越人才培养"的做法取得了很好的成绩。聚焦创新驱动转型发展战略,同济大学推进科研管理体系改革和重大科研基地平台建设。以贯穿人才培养全过程的一流创新创业教育助力创新驱动发展战略,实现创新创业教育的全覆盖,培养具有一流创新力、组织力和行动力的卓越人才。"同济博士论丛"的出版不仅是对同济大学人才培养成果的集中展示,更将进一步推动同济大学围绕国家战略开展学科建设、发展自我特色、明确大学定位、培养创新人才。

面对新形势、新任务、新挑战,我们必须增强忧患意识,扎根中国大地,朝着建设世界一流大学的目标,深化改革,勠力前行!

万　钢
2017 年 5 月

论丛前言

承古续今，汇聚东西，百年同济秉持"与祖国同行、以科教济世"的理念，注重人才培养、科学研究、社会服务、文化传承创新和国际合作交流，自强不息，追求卓越。特别是近20年来，同济大学坚持把论文写在祖国的大地上，各学科都培养了一大批博士优秀人才，发表了数以千计的学术研究论文。这些论文不但反映了同济大学培养人才能力和学术研究的水平，而且也促进了学科的发展和国家的建设。多年来，我一直希望能有机会将我们同济大学的优秀博士论文集中整理，分类出版，让更多的读者获得分享。值此同济大学110周年校庆之际，在学校的支持下，"同济博士论丛"得以顺利出版。

"同济博士论丛"的出版组织工作启动于2016年9月，计划在同济大学110周年校庆之际出版110部同济大学的优秀博士论文。我们在数千篇博士论文中，聚焦于2005—2016年十多年间的优秀博士学位论文430余篇，经各院系征询，导师和博士积极响应并同意，遴选出近170篇，涵盖了同济的大部分学科：土木工程、城乡规划学（含建筑、风景园林）、海洋科学、交通运输工程、车辆工程、环境科学与工程、数学、材料工程、测绘科学与工程、机械工程、计算机科学与技术、医学、工程管理、哲学等。作为"同济博士论丛"出版工程的开端，在校庆之际首批集中出版110余部，其余也将陆续出版。

博士学位论文是反映博士研究生培养质量的重要方面。同济大学一直将立德树人作为根本任务，把培养高素质人才摆在首位，认真探索全面提高博士研究生质量的有效途径和机制。因此，"同济博士论丛"的出版集中展示同济大学博士研究生培养与科研成果,体现对同济大学学术文化的传承。

"同济博士论丛"作为重要的科研文献资源,系统、全面、具体地反映了同济大学各学科专业前沿领域的科研成果和发展状况。它的出版是扩大传播同济科研成果和学术影响力的重要途径。博士论文的研究对象中不少是"国家自然科学基金"等科研基金资助的项目,具有明确的创新性和学术性,具有极高的学术价值,对我国的经济、文化、社会发展具有一定的理论和实践指导意义。

"同济博士论丛"的出版,将会调动同济广大科研人员的积极性,促进多学科学术交流、加速人才的发掘和人才的成长,有助于提高同济在国内外的竞争力,为实现同济大学扎根中国大地,建设世界一流大学的目标愿景做好基础性工作。

虽然同济已经发展成为一所特色鲜明、具有国际影响力的综合性、研究型大学,但与世界一流大学之间仍然存在着一定差距。"同济博士论丛"所反映的学术水平需要不断提高,同时在很短的时间内编辑出版110余部著作,必然存在一些不足之处,恳请广大学者,特别是有关专家提出批评,为提高同济人才培养质量和同济的学科建设提供宝贵意见。

最后感谢研究生院、出版社以及各院系的协作与支持。希望"同济博士论丛"能持续出版,并借助新媒体以电子书、知识库等多种方式呈现,以期成为展现同济学术成果、服务社会的一个可持续的出版品牌。为继续扎根中国大地,培育卓越英才,建设世界一流大学服务。

伍 江

2017 年 5 月

前　言

　　金属切削效率及质量受到多种振动的影响,其中常见的一类源自于工件和刀具之间的切削作用力,称作再生颤振。切削过程中,工件和刀具相对旋转,其旋转一周之前被加工出来的表面又再次被切削,产生新的工件表面。工件表面的不断再生,使得刀具切入工件的深度相应改变,导致切削力有所波动。反过来,切削力的变化又影响工件和刀具的动力学行为,当系统的阻尼不足以消耗切削力对系统的激励时,切削稳定性就被破坏,产生再生颤振。

　　不同的切削加工过程中,表面再生效应有不同的表现形式。例如,车削中的再生现象源自工件自身的旋转,而铣削中的表面再生又产生于刀具旋转过程中相邻刀刃之间的相互影响。相对来说,磨削略有不同,磨削过程中工件和刀具同时旋转。此外,磨削的刀具——砂轮的材质也大有不同,车削和铣削过程中的刀具都是均质高硬度钢,而砂轮却是粘结在一起的硬质颗粒。砂轮在磨削过程中会不断地被磨损,从而使得再生现象同时产生于砂轮的表面,因此,磨削加工也被称作双再生过程。

　　再生力引发再生颤振,本书立足于这个观点,通过研究外圆磨削的

动力学方程,探讨了磨削加工过程中的磨削稳定性,颤振的产生及颤振的抑制。详细来说,本书从以下几个方面来考虑磨削颤振问题:

基于梁模型和再生理论,建立了磨削加工过程中工件和砂轮的动力学方程。将被磨削的工件视作简支的欧拉–伯努利梁,而将砂轮当做一个质量弹簧振子,它们之间的相互作用则由再生磨削力表达。根据再生理论,再生效应用时滞项来表示。此外,取决于砂轮的进给方向,磨削加工分为切入式磨削和往复式磨削。切入式磨削中,砂轮沿着工件的径向进给,磨削力在工件上作用的轴向位置不会发生改变。而在往复式磨削中,砂轮沿着工件的轴向来回进给,这使得磨削力作用于工件的位置会不断地改变。这种时变使得动力学模型中相应参数不再是一个常数,而是时变的参数。因此,切入式和往复式磨削过程的颤振也需要分别考虑。

在建立了磨削过程的控制方程以后,本书首先探讨了切入式磨削过程的稳定性和颤振机理。在该模型中,同时发生于工件和砂轮表面的再生效应给系统引入了两个独立的时滞参数,对应于工件和砂轮的转速。两个时滞的出现使得可用于系统稳定性分析的理论方法非常匮乏,因而本书采取了数值延拓的办法来探讨磨削稳定性。其中,磨削刚度以及工件砂轮旋转所带来的时滞尤为关键,本书在由该三个参数构成的三维参数空间数值中找到了磨削过程的稳定性边界,从而在参数空间中区分开了磨削的稳定区域和颤振区域。在稳定区域中,磨削过程平稳,而在颤振区域中,磨削失稳,颤振发生。

随后,基于非线性动力学,本书采取多尺度方法并结合 Hopf 分岔理论,研究了系统在颤振区域中可能产生的振动。理论分析的结果还显示:在稳定性边界上,不仅有超临界 Hopf 分岔,系统还通过亚临界 Hopf 分岔产生颤振。这意味着颤振不仅存在于颤振区域,还可以在稳定区域中与稳定磨削过程共存。为了说明这一现象,本书用 Bautin 分岔的理论在稳定边界上找到了超临界与亚临界之间的切换点,并进一步用数值的办法划分出了存在颤振的条件稳定区域。

在阐明了切入式磨削中的颤振机理以后,本书开始研究往复式磨削过程中的颤振。往复式磨削的动力学模型需要考虑砂轮位置的不断改变,其控制方程中多了一个时变的参数,但由于砂轮的横移速度相对较小,该运动可以被视为准静态的。于是,本书把砂轮的位置当做一个准静态参数,采用多尺度方法分析了系统的稳定性,得到了砂轮和工件分别稳定的条件,从而区分了稳定区域、砂轮颤振区域和工件颤振区域。在不同的颤振区域中,又通过数值的办法,对参数变化引发的颤振进行了预测,并得到代表颤振振幅的分岔图。最后,基于快慢变的思想,本书又依据这一准静态分析得到的分岔图构造出了往复式磨削中可能产生的颤振运动。结果表明,由砂轮失稳引发的磨削颤振是连续性的,而工件失稳诱发的颤振是间歇性的。

在理解了磨削中的颤振机制以后,本书尝试采用变转速控制来抑制颤振。与常规磨削中的定常转速相比,本书对砂轮和工件的角速度都进行了周期性的摄动。采用多尺度方法,本书找到了此种控制策略能够将颤振抑制下来的充分条件。结果表明,增大摄动振幅,使砂轮和工件转速的周期性摄动具有相同的频率且相差半个周期的相位,能够取得最佳的抑制效果。此外,本书还发现此种策略仅对颤振边界附近的情况有效,而在更加深入的颤振区域并不能有效地抑制颤振。

对于磨削加工中广泛存在的亚临界 Hopf 分岔,本书采用分岔控制来减小它对于磨削稳定性的不利影响。具体的,将工件和砂轮的相对速度作为反馈,利用其三次非线性来转化亚临界 Hopf 分岔。结果表明,不断增加反馈增益可以有效地减小颤振的幅值,还能将条件稳定区域转化为无条件稳定,从而确保磨削过程平稳。然后,本书在此基础上在砂轮头架上附加一个周期性的外激励来消除磨削颤振。通过不断增加外激励的幅值,成功地用一个小振幅的受迫振动替代了大振幅磨削颤振,从而进一步降低了再生颤振对于磨削加工的不利影响。

目　录

第1章

绪 论

1.1 概 述

当代,社会财富的积累很大程度上依赖于制造业的发展。在很长一段时期内,中国大力发展制造业,一度被称作"世界的工厂"。然而,目前中国制造业的水平还不高。《国家中长期科学和技术发展规划纲要(2006—2020)》(下称《纲要》)中明确指出:"我国是世界制造大国,但不是制造强国;制造技术基础薄弱,创新能力不足;产品以低端为主;制造过程资源、能源消耗大、污染严重。"面对现状,《纲要》将制造业列为第五个重点发展领域,明确要求提高我国的制造业整体水平。

在制造业中,有一个分支应用得非常广泛,这便是机械加工行业。机械加工是一项古老而又年轻的技术,它的历史非常悠久,同时,在现代工业中仍是必不可少的一环[1]。在工厂中,大量的毛坯件都需要经过机械加工才能转变成为合格的零件。在这个转变过程中,一个经常会用到的环节便是金属切削加工。简单地说,金属切削利用毛坯件和切削工具的相对运动,切除掉毛坯件表面的多余材料,从而得到具有规定外形、尺寸和表面质量的零件[2]。根据切削过程的不同,金属切削分为车削[3-21]、铣削[22-37]、钻削[38-45]、磨削[46-59]等多种不同的加工方法。

不论采用何种切削方法,其最终目的都是切除多余材料,得到满足要求的成型零件。因此,切削过程的稳定性就显得非常重要。当该过程稳定且没有产生振动时,切削深度会保持恒定,使得零件的表面质量能够达到预定要求。相反,如果切削过程失稳,则振动发生[60],相应地会影响工件的成型。不仅如此,振动的产生还会大大地缩短刀具的使用寿命[46],乃至引发生产事故,威胁人员安全。一般来说,机械加工中的振动可能源自外部激励[46,48,61]或内部激励。其中,外部激励振动产生于加工过程中工件或刀具旋转中的偏心距[46],对于此种情况,需要增加机床阻尼并缩小旋转件的偏心距来避免其发生。除此以外,机床加工中更为常见的振动形式产生于内部激励。此种振动源自切削过程中工件和刀具的相互作用[62],不恒定的切削力使得刀具和工件的相对位置产生偏移,反过来,这种偏移又使得切削力发生改变。这种效应的不断积累最终导致了自激振动的产生,这被称作颤振[4]。

如上所述,颤振源自工件和刀具间复杂的相互作用,而根据作用力的不同,颤振的形式也有所区别。具体来说,能够引发颤振的因素分别为切削过程中的摩擦力[63-68],或者是工件或刀具表面的再生效应[69-80]。而本书就立足于再生颤振理论[4],着力探讨磨削加工过程中的再生颤振问题。再生颤振理论是对机械加工过程中动力学问题的一种高度抽象,将工件和刀具之间复杂的相互作用力与它们的相对位置关系建立联系,从而用简单的动力学方程去描述复杂的切削颤振机理。通过对这些模型的讨论,从中寻找出各个参数对机械加工稳定性以及切削颤振的影响,从而对制造业中的机床设计提供重要的理论依据。从这个方面来说,再生颤振的研究具有非常高的应用价值。而另一方面,从数学的观点出发,再生颤振理论将时滞[81-95]引入动力学方程之中,用于描述切削过程中的表面再生效应。而时滞又是近些年动力学问题研究中的一个非常热点的问题,因此,对再生颤振动力学问题的研究也对推动动力学的发展具有重要的理论意义。

1.2　文　献　综　述

切削颤振广泛地存在于车削[96-98]、铣削[99-103]、钻削[38,45,104-107]、磨削[108-110]等不同的机械加工领域中。针对这个问题,有很多研究者做了大量的工作。其中不乏许多很有价值的实验[3,11,14-15,21,32,36,61,111-113]以及数值仿真[24,27,49-50,53-56,58-59,114]研究。然而,对切削颤振研究推动最大的莫过于再生颤振理论的建立。这一理论用极其简洁的方式在系统的动力学行为和系统参数之间建立了紧密的联系,使得人们对于颤振的认识有了相当程度的提高。

1.2.1　再生颤振理论

颤振的思想起源于对切削加工的研究,切削颤振的概念最早由Taylor[115]在 20 世纪初提出。而后,Arnold[4]详细描述了车削过程中颤振的产生机理,他在研究车削颤振的过程中发现车刀切入工件的深度在整个切削过程中会随着刀具与工件的相对位置改变而不断地发生变化。时变的切削深度影响切屑的厚度,而切屑厚度改变切削力,最后切削力又导致工件和刀具的相对位置发生改变,由此,Arnold 构建了颤振理论的动力学基础。此外,Arnold 在文中指出,被刀具切割而产生的新表面在下一轮切削时(工件旋转一周之后)会由切屑的下表面转变成为切屑的上表面。考虑到切屑的厚度会影响切削力,可以知道,这种表面再生现象使得切削力不仅与当前工件与刀具的相对位置有关,还与它们一个周期之前的相对位置有关。基于此,Tlustry[116]、Tobias[117]和 Meritt[118]分别建立了关于车削再生颤振的结构稳定性和动力学相应的力学模型。而 Minis 等人[119]也为铣削颤振动力学建立了相应的模型并做了分析。从数学的角度出发,这种再生效应给系统引入了一个时滞项,从而将系统的控制方程由常微分方程(ODEs)转变为了时滞微分方程(DDEs)[120-127]。由此微分方程出发,切削稳定性和切削颤振等问题的研究都可以相继展开。

利用该动力学方程,很多研究者探讨了各种加工过程中的切削稳定性。他们在代表各种切削加工的动力系统中都得到了著名的"Lobes"图[96,97,128,129],用来区分系统的稳定和不稳定状态。值得说明的是,在"Lobes"图的稳定性区域中,切削过程稳定且没有颤振发生,这使得最终的零件能够获得很好的表面质量。通过这些"Lobes"图,人们发现切削稳定性会随着切削刚度的升高而显著降低。而随着旋转件转速的改变,系统的稳定和不稳定区域会交替出现[96-97,130]。为得到这些"Lobes"图,不同的研究者采用了许多的方法,而其中被引用得最为广泛的应该是 Altintas[128,131]和 Budak[128]所使用的利用傅里叶级数展开讨论系统特征根的办法。除了这种经典的方法,也有很多替代手段被用于判断切削稳定性。例如,Quintana 等人[132]在实验中采用"Sound Mapping"方法用于检测铣削过程的稳定性;Kotaiah[133]等人提出了一种基于神经网络的办法,研究了车削加工的稳定性;Khachan 与 Ismail[134]提出了数值仿真的办法来观察铣削稳定性;此外,还有很多学者采用了有限元模拟[135-137]的办法来讨论机械加工中的颤振现象。

得到了"Lobes"图以后,研究者就可以判断系统的状态,而在系统失稳以后,颤振也就会相应的发生。颤振的形式不尽相同,最终加工成型零件的表面质量也相去甚远。当系统失稳时,颤振可以通过各种各样的形式产生,其中最为简单的情况便是超临界或者是亚临界的 Hopf 分岔[138]。基于再生颤振模型,Nayfeh[139]描述了车削中由超临界 Hopf 分岔诱发的颤振,而 Kalmar-Nagy[8]研究了由亚临界 Hopf 分岔产生的颤振。此外,

Nafeh[130]、Kim[12] 和 Insperger 等人[140] 都在车削动力学中同时发现了两种 Hopf 分岔诱发的颤振。值得说明的是，由超临界 Hopf 导致的颤振属于简单的情况，它使得机械加工的稳定和不稳定情况泾渭分明，于是只需要线性的分析就能够全然地了解切削稳定性。相反，亚临界的情况使系统产生稳定磨削和颤振共存的情况，从而使得在预测切削颤振的时候很有必要进行非线性的分析。此外，还可以知道，在两种 Hopf 分岔切换的地方，将会产生具有更强非线性特性的 Bautin 分岔[141]。除了由 Hopf 分岔诱发的周期性颤振，Stépán[142-143]、Wahi 和 Chatterjee[144] 等人还发现了概周期颤振、倍周期颤振乃至混沌颤振等多种不同的切削颤振运动。特别对于概周期颤振情况，Wahi 和 Chatterjee[145] 还基于 Hopf-Hopf 分岔理论[146] 对其产生机理进行了深入的探讨。

由此可见，基于再生颤振模型建立的切削动力学方程极大地方便了广大学者对于切削稳定性和切削颤振的研究。与此同时，由于将再生效应和时滞效应建立了联系，近几年，关于时滞动力学的研究也使得切削稳定性的机理更加的清晰。与之相应，对于时滞动力系统的分岔研究也使得颤振动力学的预测能够更加准确地开展，甚至还帮助我们预测了在实验中还没有观测到的复杂非线性动力学颤振。有此理论作为基石，本书接下来就开始磨削颤振的讨论。

1.2.2 磨削颤振

根据磨削形式的不同，磨削加工分为平面磨削[147]、外圆磨削[148]、内圆磨削[149]、无心磨削[150] 等。根据进给方向的不同，磨削又分为切入式磨削[151] 和往复式磨削[152]。但不管是什么形式，磨削颤振都广泛存在其中，而究其产生的机理也都可以利用再生颤振理论得到很好的解释。这一思想的好处在于可以避免通过大量的实验研究[61,112] 去阐明磨削颤振的机理，从而节约资源。

再生颤振理论这一研究思想最早由 Hahn[153]引入磨削颤振的研究工作中。他考虑了一种最为简单的情况,即忽略砂轮表面的再生现象,相应的系统控制方程之中也仅存在一个时滞。利用此方程和 Laplace 变换[154],Hahn 讨论了使用高硬度砂轮情况下的磨削稳定性。此后,Snoey 和 Brown[155]开始考虑砂轮损耗的情况,他们结合 Nyquist 图[156]分析了该磨削过程的稳定性。由此,磨削颤振中双再生现象[62]的存在也得到了广泛的认可。

由此往后,磨削颤振的研究者逐渐意识到砂轮的损耗是不可忽略的,在研究磨削颤振的时候必须考虑砂轮表面再生现象带来的影响。结合这些因素,很多研究者提出了相关的运动学模型,对磨削加工过程进行仿真计算,从而讨论系统的稳定性。例如,Thompson[157-161]在磨削颤振的研究中做了一系列的工作,他建立了一个磨削再生颤振的模型[161],并提出一个叫作指数增长因子("exponential growth index")的参数[158]来讨论磨削稳定性。利用该模型和理论,Thompson 对工件砂轮转速[160]、接触刚度和滤波现象[157]等对磨削稳定性的影响都相继进行了研究。近期,Thompson 的模型被 Li 和 Shin[114,162]改进,从而得到了关于磨削稳定性的更加精确的结果。此外,Weck 等人[46,163]也采用再生理论,建立了往复式外面磨削的运动学模型,从而通过数值仿真的办法讨论了其稳定性。此外,Cao[50]、Tawakoli[56]和 Balasz[49]等人也都根据不同的问题建立了相应的磨削颤振运动学模型。

除了运动学仿真,另一种有效的方法是从动力学出发建立磨削加工过程的控制方程,从而讨论磨削稳定性和磨削颤振。Miyashita 等人[164,165]建立无心磨削动力学模型,通过研究其特征方程,讨论了无心磨削的稳定性问题。其后,Nieto 等人[166]又讨论了无心磨削颤振的问题,并且,他们的模型中还考虑了工件和砂轮失去接触的情况。针对往复式外圆磨削的情况,Yuan 等人[167]建立一个四自由度的磨削模型。分别通过理论分析和数值仿真,他们讨论了颤振稳定性边界和颤振运动。跟随其后,Liu 和 Payre[168]

化简了 Yuan 等人的模型并通过计算系统特征值的办法讨论了各个系统参数对于磨削稳定性的影响。然后,Chung 又与 Liu[169] 合作扩展了其原来的线性模型,采用由 Werner[170] 提出的磨削力模型、摄动增量法[171] 和 Hopf 分岔理论,讨论了磨削加工中的非线性颤振运动。近期,Kim[141] 等人又将它们的研究成果进一步扩展,讨论了该系统存在的 Bautin 分岔现象。

1.2.3　颤振抑制

在颤振的机理得到解释之后,人们开始致力于颤振抑制的研究。想要避免切削颤振的发生,最简单的办法就是改变机床的刚度或阻尼特性,从而使得这种自激振动不能发生。根据得到的"Lobes"图去优化加工过程中的进给速度和工件转速等运动参数是一种有效地避免颤振产生的方法[117]。不仅如此,不同的研究者还提供了不同的思路去控制切削加工之中的颤振,例如 Chen 和 Knospe[172] 在实验中选用了主动磁轴承控制了车削加工之中的颤振。Nayfeh 和 Nayfeh[173] 采用时滞反馈控制的办法去抑制车削加工中的颤振。除了从线性控制的角度出发,Nayfeh 等人[174,175] 还采用非线性控制的思想,通过给切削过程的控制方程引入立方非线性,大大地减小了车削过程中颤振的幅值,并将该过程中的亚临界 Hopf 分岔转化为超临界,从而避免了颤振与稳定磨削共存的情况发生。他们继续采用振动控制(Quench Control),将车削颤振的振幅继续缩小,从而降低颤振对于车削加工的影响。

后来,有人在研究铣削过程的时候发现采用等间距切削刃的铣刀并不是维持铣削稳定性的最好选择。于是,他们开始尝试使用非等间距刀刃的铣刀,Doolan[176]、Tlusty[177] 和 Fu 等人[178] 都先后对这一想法进行了理论分析和实验验证,并最终验证了这一方法的有效性。与此同时,人们还发现不仅空间上的不一致能够有效地抑制颤振的发生,时间上的不一致也可以达到同样的目的。于是,人们开始尝试使用变转速的方式去抑制颤振,后来也证明这是一种比较容易实现且效果相对较好的方法。

在 20 世纪 70 年代,有很多关于周期性变转速控制的研究工作相继地展开[179-183]。但在 1984 年,Jemielniak 和 Widota[184]指出,这些研究成果的结论中有许多相互矛盾的地方,且大部分都没有能够和实验结果符合得很好。在接下来的时间里,很多研究者从不同角度出发,讨论了周期性变转速控制的效用。Tsao 等人[185]将动力学方程离散,并通过讨论其特征值研究了车削之中变转速控制的效果。之后,Jayaram 等人[186]又结合傅里叶变换和 Nyquist 图讨论了该方法的有效性,并得到了较为满意的结果。后来,Namachchivaya、Van Roessel[16]和 Demir 等人[187]又采用中心流行约化[188]讨论了车削加工中变转速控制的有效性。在同一时间,Namachchivaya 又与 Beddini[189]合作,用多尺度方法再次证明了结果的正确性。后来,Long[29]又在研究铣削颤振的工作中采用了一种被称为半离散化方法,讨论了变转速控制对抑制铣削颤振的有效性。此外,值得一提的是,近期 Kong 等人[190]的研究表明,不仅周期性变转速,采用混沌信号改变主轴转速也能取得不错的颤振抑制效果。

以上的讨论主要集中在车削和铣削领域,相对来说,抑制磨削颤振的工作稍微少一些。最早,Inasaki 等人[191]采用数值仿真的办法探讨了磨削加工中采用连续周期性改变工件转速抑制颤振的有效性,并指出这始终是一种有效抑制磨削颤振的方法。随后,Knapp[192]也通过实验的办法得到了相似的结论。近期,Barrenetxea[193]和 Álvarez 等人[194]都采用实验和数值的办法研究了无心磨削加工过程中变工件转速对磨削稳定性的影响。

1.3　相关科学问题

到目前为止,大部分的研究工作都集中于车削[195]或铣削[28]颤振之中。

相对来说,人们对于磨削颤振的认识还不够深刻。这可能有多方面的原因:其一,磨削过程中砂轮和工件的相互作用非常复杂[62];其二,磨削力的模型也一直在完善之中[170,196-198];其三,双再生现象给其动力学模型引入两个截然不同的时滞,从而使得相关的理论研究难以开展[147,157-161]。总而言之,还有很多关于磨削颤振的问题值得我们思考。对此,本书将三个方面的问题作为研究的重点:

首先,切入式磨削中的颤振机理和颤振运动还需要讨论。应该说,Yuan 等人[167]提出的关于磨削过程的动力学模型还是比较全面的,然而他们后面的分析却避开了双再生现象这一事实。紧接其后,Liu 和 Payre[168]的工作将其模型简化,然后深入研究了双再生现象对磨削稳定性的影响。不过,他们的简化模型只是一个线性模型,因而也无法去讨论磨削过程中的颤振运动。后来,Chung 和 Liu[169]的工作弥补了这一缺陷,不过,他们对颤振的研究也仅仅是浅尝辄止,并未能深入挖掘出更多的动力学特性。

其次,往复式磨削中会产生怎样的颤振运动需要继续探讨。与切入式磨削相比,往复式磨削有其独特的地方。在整个过程中,砂轮会慢速地沿着工件来回运动,而这种运动则会诱发一些特别的颤振形式。这一现象最早在 Shimizu[199]的实验中被发现,他发现颤振的振幅会随着砂轮的移动而不断地改变,而当砂轮处于工件中点的时候,其振幅会达到最大。紧接其后,Fu[200]发现砂轮的往复式运动同样也会改变颤振的频率分布。对于这种现象,Shiau[201]通过对其建立的数学模型进行仿真运算得到了相似的结果。然而,人们对于这种由砂轮运动引发的特殊现象并未能从理论上给出满意的解释。

最后,如何才能有效地抑制磨削颤振需要再思考。前面已经提到,很多颤振抑制的工作集中于车削和磨削之中,而关于抑制磨削颤振的研究工作则非常的少[192-194],对其背后的作用机理也没有从理论上给出满意的解释。此外,考虑到磨削加工过程中的双再生现象,还没有研究者反其道来利用这种特性,从而进一步优化磨削颤振抑制的效果。

1.4 研究方法

针对这一系列的问题,本书采用动力学方程和非线性动力学的基本理论来进行研究。其中,砂轮和工件的位移被当作控制方程的变量。而方程的平衡点的特性就对应了磨削过程的稳定性。这些变量有了时变性,反映了磨削颤振的产生。

对于磨削稳定性的问题,本书将采用特征值分析的办法[168]。鉴于多时滞[90]情况下特征值分析并没有好的理论方法,本书采用数值的办法来判断系统的稳定性。此外,为了考察不同参数对于磨削稳定性的影响,本书给出了一套延拓算法[202-204],用于分析多个参数对磨削稳定性的影响。有了此结果,磨削加工中的参数选择就有了依据,由此可以避免磨削颤振的发生。

然后,本书基于 Hopf 分岔理论[205],采用摄动法研究参数空间中的不稳定区域中可能的颤振运动。在现有的参考文献中,常见的摄动有中心流行和规范型方法[16,206]、多尺度方法[130,205-210]、摄动增量法[146,171,211-225]等,而本书将基于多尺度方法研究不同磨削加工之中的颤振运动以及颤振抑制的效果。

除了理论的方法,本书也采用了必要的数值工具来讨论磨削颤振运动。为了验证理论分析,我们采用了 Runge-Kutta 积分得到相应的数值结果。此外,一个免费的 Matlab 软件包——DDEBIFTOOL[204]也被用于时滞系统分岔分析之中,从而帮助阐明磨削颤振运动的形式。

1.5　本书架构

1.5.1　主要内容

本书致力于研究外圆磨削加工之中的磨削稳定性、颤振机理、颤振运动以及颤振抑制。具体来说,本书的主要内容应该分为切入式外圆磨削颤振、往复式外圆磨削颤振和颤振抑制。下面将对这些内容作详细的说明。

在第 2 章中,讨论了切入式外圆磨削加工的稳定性和磨削颤振的产生机理。为此,提出了一个切入式磨削过程的非线性动力学模型,该模型将砂轮考虑为一个线性的质量弹簧振子,而将被磨削的工件抽象为一个具有几何非线性的柔性梁。它们二者之间的相互作用被考虑成与切削深度成正比的磨削力,而相应的切削深度则用双再生模型描述。因而,作为研究的起点,本书得到了一个具有两自由度和两个时滞的非线性动力学模型。此后,为了讨论磨削加工的稳定性,本书研究了此动力学方程在其平衡点的线性稳定性,并采用延拓的方法考查了不同的系统参数对系统稳定性的影响。这些参数包括与磨削力紧密相关的磨削刚度、砂轮和工件转速。然后,本书采用多尺度方法探讨了由砂轮转速所引起的颤振运动的改变。基于超临界 Hopf 分岔理论和摄动参数的方法对周期性再生颤振进行了预测。

在第 3 章对基于现有的模型对颤振运动进行了更加深入的探讨。上一章仅仅讨论了由超临界 Hopf 分岔引发的颤振,这种颤振的特点是磨削稳定和不稳定区域可以由线性分析的结果完全地分开,因而其动力学的特性比较简单。然而,在深入的研究之后,发现该系统之中不仅有这种简单的情况,还存在有亚临界的 Hopf 分岔。由此可知,颤振运动不仅存在于线性不稳定区域中,也能与稳定磨削过程共存于线性稳定区域中。针对这一现象,本书基于 Bautin 分岔理论找到了这些颤振与稳定磨削共存的区域。其中,采用多尺度方法计算了 Bautin 分岔点的位置,并结合 DDEBIFTOOL 画出了共存区域。最后指出针对磨削颤振的研究不能仅仅停留在线性分析阶段。

第 4 章讨论了往复式磨削中的再生颤振。相比于切入式磨削过程,往复式磨削中的砂轮会沿着工件轴向来回移动,从而保证工件的表面能够被完整地磨削。因此,其动力学控制方程之中代表砂轮位置的参数不再是一个常数,而转化为一个时变的量。然而,考虑到砂轮作往复式运动的速度非常的小,故将控制方程中砂轮的位置看作一个准静态的参数,然后利用多尺度方法讨论了该磨削过程的线性稳定性。通过推导得出系统稳定的条件,并对砂轮和工件的稳定性做出判断,结果发现,砂轮的位置对砂轮自身的稳定性并没有很大的影响,但对于工件的稳定性却起着决定性的作用。此外,还发现砂轮低阶模态的振动在磨削过程中比高阶模态更容易被激发,且随着磨削刚度的变大,越来越多高阶模态的振动会被再生效应激发起来。在随后的分析中,只考虑了工件的第一阶模态,发现当砂轮处于工件的中间的时候,其自身的稳定性最差,而当砂轮向两边靠拢的时候其稳定性会逐渐变好。随后,又采用分岔分析的方法讨论了该磨削过程中可能发生的颤振运动,并着重考虑了砂轮位置对颤振运动的影响。结果发现该参数对砂轮失稳引发的颤振几乎没有影响,而对工件失稳引发的颤振影响较大。当砂轮处于工件中点的时候,工件的颤振运动具有最大的振幅,而在砂轮远离工件中点的过程中,其振幅会逐渐减小直到消失。随后,本书将准静态的参数动态化,在之前得到的分岔图中追踪砂轮的位置和颤振的振幅,构造出了往复式磨削加工中可能发生的颤振运动,其结果与直接用数值积分得到的结果吻合很好。在此研究中还发现,由砂轮失稳引发的颤振在磨削过程中具有持续性,而由工件失稳引发的颤振运动则具有间歇性。

第 5 章讨论了如何抑制磨削颤振的产生。在分析之前，我们对既有的模型进行了改进。考虑到之前所得到的亚临界 Hopf 分岔的结果，可以知道磨削颤振有可能具有很大的振幅，于是颤振过程中有可能发生工件和砂轮分离的现象。由此可知，磨削力的模型之中应该考虑这种分离所带来的非线性因素；此外，先前所使用的线性模型与实际情况也有所出入，为了更加贴合实际，还采用了 Werner[170] 所提出的磨削力的非线性模型。之后，利用 DDEBIFTOOL 和多尺度分析，在新模型中仍然得到了和前一个模型相似的结果，其中包括与稳定性和颤振运动的相关结论。此外，还发现经由超临界 Hopf 分岔而产生的周期性颤振运动会随着参数的变化而逐渐增大，直到工件和砂轮分离的情况产生。相对应于此，由亚临界 Hopf 分岔产生的颤振运动则没有经过此阶段而直接产生分离的现象。针对这些磨削颤振，引入了变主轴转速的办法来抑制，与车削或者铣削中的主轴转速摄动方法不同，同时周期性的摄动砂轮和工件二者的转速，并得到了最优的颤振抑制效果。接下来，本书采用 Zhang 和 Xu[226,227] 改进的多尺度方法研究了变转速控制的有效性。最后发现有利于抑制颤振的策略是增大对转速的摄动幅度，与此同时，让砂轮和工件转速具有相同的摄动频率且在相位上相差半个周期。进一步分析还发现，这种变转速的策略对于抑制靠近稳定性边界的颤振运动都非常有效，在整个磨削加工过程中放弃定常的转速而采用变转速的方法可以有效地扩展磨削的稳定性区域。

第 6 章针对磨削颤振过程之中普遍存在的亚临界 Hopf 分岔现象，引入了非线性控制和振动控制的思想，用于削弱磨削颤振的强度。为了综合考虑磨削加工过程中砂轮和工件之间的切削力和摩擦力对于磨削颤振的影响，将 Werner[170] 的磨削力模型替换为 Li 等人[198] 提出的模型。该模型将切削过程和磨削过程分开讨论，引用独立的参数来描述这两个不同的砂轮和工件相互作用，可以帮助我们更好地理解磨削加工过程中颤振的机制。与前面一样，我们采用第 2 章之中提出的延拓算法，可以寻找出该磨削加工过程的稳定性边界。进一步,采用多尺度方法,可以分析该过程中的 Hopf 分岔,从而预测产生磨削颤振的方式。结果表明,该过程中的磨削颤振几乎都由亚临界的 Hopf 分岔产生,因此可以预见其中的颤振都具有较大的振幅,且伴随着砂轮与工件失去接触的情况发生。此外,亚临界的 Hopf 分岔还使得原本稳定的参数区域中出现了稳定磨削与磨削颤振共存的情况,而这种情况在实际加工过程中是应该尽量避免的。因此,本书在该过程中引入了非线性控制的思想。具体来说,引入的控制力与砂轮和工件的相对速度的立方成正比,通过增加反馈增益的强度,将该过程中的亚临界 Hopf 分岔都转化为超临界,这使得系统失稳以后的颤振振幅会大大地减小,乃至避免产生砂轮与工件失去接触的情况。此外,此种控制还能有效地清理掉共存于稳定区域中的磨削颤振,从而保证线性稳定的区域中不会产生颤振,避免了条件稳定。更进一步,本书在非线性控制的基础上又引入了振动控制,用于继续减弱该磨削加工过程中的颤振运动。此种控制的基本思想就是给系统施加一个小振幅的外激励,并利用该激励消除掉磨削加工过程中本应该产生的颤振运动。最终,原来的大振幅磨削颤振被小振幅受迫振动替代,从而达到缓解磨削颤振的目的。

1.5.2 主要创新点

本书的主要创新点如下:

一、利用时间尺度的滞后,建立了工件和砂轮之间切入式的接触力模型,从而提出了新的磨削动力学模型,明确了磨削力与颤振之间的关系。

二、发现磨削过程中的线性分析不足以确保外圆磨削的稳定性,颤振的机制源于亚临界 Hopf 分岔和 Bautin 分岔诱发的各种动力学行为,从而清晰了磨削中的各类颤振运动。

三、提出了一种抑制磨削颤振的最佳变转速策略,这种控制策略可以通过同时摄动砂轮和工件转速来实现,对于数控磨床的程序设计提供了理论依据。

　　四、在亚临界附近参数区域内,提出非线性速度反馈控制方法,使得条件稳定区域变成无条件稳定区,同时减小颤振区域中的振幅;在大振幅颤振区,提出主动施加开环小振幅激励的方法,可以消除大振幅颤振。

第2章
切入式外圆磨削模型及稳定性

2.1 概 述

作为一种历史悠久的机械加工方式,磨削工艺在现代制造业中有着举足轻重的地位。而随着现代加工之中自动化技术的发展,磨削加工业也遇到了很多的挑战[60],其中一项便是广泛存在于各类机械加工之中的再生颤振[46,228]问题。机械加工过程之中砂轮与工件的相互运动会影响工件成型的表面质量。为了高效地加工出符合要求的工件,一般希望加工过程能够平稳的开展。因此,为了避免加工过程失稳引发颤振,搞清楚机械加工动力学行为与各个系统参数之间的关系,对于设计合理的机床以及选择适合的加工参数有着非常重要的意义。根据 Altintas[46] 的描述,机械加工之中的振动可能产生于外部或内部激励的作用。具体来说,外部激励振动一般产生于加工过程中旋转件的偏心距,比如车削和铣削中的刀具,磨削中的工件和砂轮。这类振动一般比较容易探查出来,而且也能通过修整旋转件的质量来有效地解决。此外,机械加工过程中还经常出现一种被称为颤振的内部激励振动,它由所谓的再生效应产生。一旦颤振产生,工件的表面质量、刀具的寿命乃至加工人员的安全都有可能受到威胁[61]。因此,为了能够避免再生颤振的发生,有必要分析各个系统参数对于机械加工动力学的影响。

　　如上所述,颤振由再生现象引发。但不同于车削或者铣削加工,磨削之中的再生现象同时产生于工件和砂轮的表面,这给动力学方程引入了两个不同的时滞,因而对其直接进行动力学分析就会具有更大的难度。对此,有不同的学者采用多样的方法讨论了磨削颤振。例如,Oliveira[61]采用实验的方法和"mapping technique"观察了磨削中的颤振。与此同时,Li 和 Shin[114]采用了数值仿真的办法讨论了系统参数对于外圆磨削动力学的影响。如果要追溯采用动力学观点研究磨削之中的双再生颤振问题,就必须要提到 Thompson 的工作[147,157-161],他所建立的理论以及对各种系统参数对系统动力学影响的研究都为后续研究者打开了思路。后来,Yuan 等人[167]建立了更为全面的关于磨削颤振的动力学模型,并利用该模型对磨削中的颤振稳定性问题进行了简单的分析和数值积分的验证。在其基础上,Liu[168]研究了控制方程的特征值并对磨削稳定性进行了更加深入的讨论。随后,Chung 和 Liu[169]又采用了摄动增量法对系统失稳以后的颤振运动进行了预测。

　　对应于磨削加工中的双再生现象,磨削颤振的动力学方程包含了分别反映工件和砂轮表面再生的两个不同的时滞。近几年,关于时滞微分方程(DDE)的理论研究告诉我们,分析具有一个时滞的 DDE[229]虽然比较困难,但始终能找到有效的理论方法得到满意的结果。相比之下,对于具有多个时滞的 DDE 的理论研究成果却非常的少。例如 Campbell[90]曾经尝试寻找一个具有多时滞的 DDE 的稳定性边界,经过冗长的理论分析,他也只能理论地估计出这些边界的大概位置,若要得到其确切的位置,则仍然需要借助数值的方法。因此,更多的学者在面对 DDE 的时候更多地会求助于数值的手段,这一点也会在本章的研究中得到体现。

为了讨论切入式磨削加工中的颤振问题,本章主要内容安排如下：在2.2节中,给出了该磨削过程的控制方程,其中砂轮被看成一个质量弹簧振子而工件则被视为一个简支的 Euler-Bernoulli 梁[210]。基于双再生理论,给出了磨削力的表达式,简单起见,本书认为磨削力与切削深度之间呈线性关系[168]。之后,采用 Galerkin 截断的方法将梁的方程简化且仅考虑其第一阶模态,得到了简化的控制方程。然后,2.3节利用该方程研究了磨削过程的稳定性。为了探讨不同参数对磨削动力学行为的影响,我们结合了数值特征值分析和延拓算法在参数空间中考察了系统的稳定性边界。其中,本书所关心的是磨削刚度与砂轮和工件转速这三个参数对于系统稳定性的影响。在讨论了磨削稳定性以后,在2.4节中采用多尺度方法[130]预测了磨削颤振运动,并在最后用数值积分的结果验证了我们的理论分析。

本章2.2节介绍了该切入式外圆磨削过程的动力学方程。通过一些数学推导,我们将磨削稳定性的问题转化为动力学方程的平衡点稳定性问题。在2.3节中,采用数值特征值分析的办法讨论了与磨削力相关的参数对于磨削稳定性的影响。为了能够在参数空间中准确地划分磨削稳定和稳定区间,还在特征值分析中引入了延拓算法,有效地计算了磨削稳定性边界。

2.2　外圆切入式磨削模型

2.2.1　物理模型

图2-1描述了一个典型的切入式外圆磨削过程,在该过程中,高速旋转的砂轮被装在砂轮架上而低速旋转的工件则安装于两个尾架上,与此同时,砂轮架朝着工件的方向作缓慢的进给,从而保证磨削过程中的切削用

量。从图 2-1 可以看出,砂轮被视为一个质量弹簧振子,它具有质量 m_g (kg)、刚度 k_g ($\mathrm{N \cdot m^{-1}}$)、阻尼 c_g ($\mathrm{N \cdot s \cdot m^{-1}}$)、半径 r_g (m) 和转速 N_g ($\mathrm{r \cdot min^{-1}}$)。同时,工件被看作一个简支于两个尾架上的 Euler-Bernoulli 梁,它具有密度 ρ ($\mathrm{kg \cdot m^{-3}}$)、弹性模量 E ($\mathrm{N \cdot m^{-2}}$)、阻尼 C_w ($\mathrm{N \cdot s \cdot m^{-2}}$)、半径 r_w (m) 和转速 N_w ($\mathrm{r \cdot min^{-1}}$)。为了描述该加工过程的动力学行为,我们将砂轮和工件的位移标记为 X_g (m) 和 X_w (m),同时还考虑加工过程中砂轮的进给量 f (m)。此外,考虑梁的连续体模型,其轴向的坐标记为 S (m),砂轮处于位置 P (m) 而工件的总长为 L (m)。

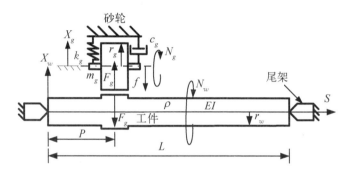

图 2-1　切入式磨削加工示意图

当磨削一个细长的工件时,图 2-1 中的砂轮和工件的动力学方程中应考虑工件的几何非线性,即它们满足以下方程[210]:

$$m_g \frac{\mathrm{d}^2 X_g}{\mathrm{d}t^2} + c_g \frac{\mathrm{d}X_g}{\mathrm{d}t} + k_g X_g = F_g$$

$$\rho A \frac{\partial^2 X_w}{\partial t^2} + C_w \frac{\partial X_w}{\partial t} + EI \frac{\partial^4 X_w}{\partial S^4} - \frac{EA}{2L} \frac{\partial^2 X_w}{\partial S^2} \int_0^L \left(\frac{\partial X_w}{\partial t} \right)^2 \mathrm{d}s$$

$$= -F_g \delta(S - P)$$

$$(2-1)$$

其中,$A = \pi r_w^2$, $I = \dfrac{\pi r_w^4}{4}$。考虑到砂轮和工件的接触,公式 (2-1) 中的

Dirac Delta 函数 $\delta(S-P)$ 代表它们的接触位置。此外,考虑到工件被简支于两个尾架之间,其边界条件应为

$$
\begin{cases}
X_w(t, 0) = 0, \dfrac{\partial^2 X_w}{\partial S^2}(t, 0) = 0, \\
X_w(t, L) = 0, \dfrac{\partial^2 X_w}{\partial S^2}(t, L) = 0
\end{cases}
\tag{2-2}
$$

接下来需要说明的是砂轮和工件之间的法向磨削力 F_g (N),它代表了砂轮和工件之间的相互作用且决定了整个磨削加工过程的动力学行为。根据 Liu 和 Payre 的模型[168],磨削力 F_g 应该与当前的磨削深度 D_g (m)成正比,因此它们最简单的关系为

$$
F_g = k_c D_g
\tag{2-3}
$$

式中,k_c 为磨削刚度(N·m^{-1})。而根据 Thompson 的双再生模型可知,磨削深度 D_g 除了与图 2-1 中的进给量 f 有关外,还与砂轮与工件的位置相关,这一点可以从图 2-2 中看出。在图 2-1(a)中,D_g 反映了工件和砂轮之间相互作用的深度,图 2-1(b)则说明 D_g 包含了两部分,它们分别是砂轮切入工件的深度 δ_w 和工件切入砂轮的深度 δ_g。从图 2-1(b)中还可以看出,δ_w 不仅包括当前的进给量 f,还含有当前工件砂轮的相对位置 $X_g(t) - X_w(t, P)$,以及由再生效应引入的时滞项 $X_g(t-T_g)$。与之相应,本书从同样的角度出发考虑 δ_g,最终可以得到[168]

$$
D_g = \delta_w + \delta_g = f + X_w(t, P) - X_g(t) - X_w(t-T_w, P) + X_g(t-T_g)
\tag{2-4}
$$

其中

$$
T_w = \frac{60}{N_w}, \quad T_g = \frac{60}{N_g}
\tag{2-5}
$$

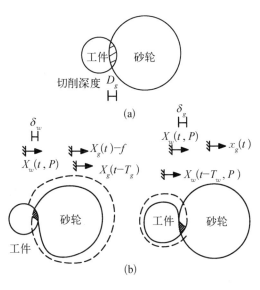

图 2-2　切削深度

值得一提的是，公式(2-4)中的 T_w (s)和 T_g (s)分别代表了工件和砂轮的旋转周期。它们体现了切削加工过程中的再生效应，反映了切削深度不仅与当前状态有关，还和它们一个周期之前的状态相关。

然后，根据 Liu 所采用的线性磨削力公式(2-3)，可以知道磨削力与工件和砂轮位移的关系为

$$F_g = k_c D_g = k_c(f + X_w(t, P) - X_g(t) - X_w(t - T_w, P) + X_g(t - T_g))$$

$$(2-6)$$

考虑到工件的两端简支边界条件，可以将工件的位移 $X_w(t, S)$ 展开为

$$X_w(t, S) = \sum_{i=1}^{\infty} X_i(t) \sin\left(\frac{i\pi S}{L}\right) \qquad (2-7)$$

将公式(2-7)代入模型(2-1)并采用 Galerkin 截断的方法且仅保留工件的第一阶模态($i = 1$)，可以得到简化后的磨削动力学模型为

$$m_g \frac{\mathrm{d}^2 X_g}{\mathrm{d}t^2} + c_g \frac{\mathrm{d}X_g}{\mathrm{d}t} + k_g X_g$$

$$= k_c \left(f + X_1(t)\sin\left(\frac{\pi P}{L}\right) - X_g(t) - X_1(t - T_w)\sin\left(\frac{\pi P}{L}\right) + X_g(t - T_g) \right),$$

$$\frac{\dfrac{\rho AL}{2}\dfrac{\mathrm{d}^2 X_1}{\mathrm{d}t^2} + \dfrac{LC_w}{2}\dfrac{\mathrm{d}X_1}{\mathrm{d}t} + \dfrac{EI\pi^4}{2L^3}X_1(t) - \dfrac{EA\pi^4}{8L^3}X_1^3(t)}{\sin\left(\dfrac{\pi P}{L}\right)}$$

$$= -k_c \left(f + X_1(t)\sin\left(\frac{\pi P}{L}\right) - X_g(t) - X_1(t - T_w)\sin\left(\frac{\pi P}{L}\right) + X_g(t - T_g) \right)$$

$$(2-8)$$

2.2.2　简化模型

为了简化公式(2-8)，我们引入如下新的无量纲的变量和参数：

$$y(t) = \begin{pmatrix} y_1(t) \\ y_2(t) \\ y_3(t) \\ y_4(t) \end{pmatrix} = \begin{pmatrix} \dfrac{X_g(t)}{H} - p \\ \dfrac{X_1(t)}{H} - p \\ \dfrac{\mathrm{d}X_g(t)}{\mathrm{d}t}\dfrac{T}{H} \\ \dfrac{\mathrm{d}X_g(t)}{\mathrm{d}t}\dfrac{T}{H} \end{pmatrix} \qquad (2-9)$$

和

$$\xi_g = \frac{c_g}{m_g}\sqrt{\frac{m_g}{k_g}},\ \kappa_1 = \frac{k_c}{k_g},\ \tau = \frac{t}{T},\ \tau_g = \frac{T_g}{T},\ \tau_w = \frac{T_w}{T},\ \gamma = \frac{2m_g}{L\rho A},$$

$$\xi_w = \frac{C_w}{\rho A\sin\left(\dfrac{\pi P}{L}\right)}\sqrt{\frac{m_g}{k_g}},\ \kappa_w = \frac{EI\pi^4 m_g}{L^4\rho A k_g\sin\left(\dfrac{\pi P}{L}\right)} + \frac{3Eq^2\pi^4 m_g}{4L^4\rho k_g\sin\left(\dfrac{\pi P}{L}\right)},$$

$$\kappa_2 = \frac{3EH^2\pi^4 m_g q}{4L^4 \rho k_g \sin\left(\frac{\pi P}{L}\right)} , \kappa_3 = \frac{EH^2\pi m_g}{4L^4 \rho k_g \sin\left(\frac{\pi P}{L}\right)} \qquad (2-10)$$

其中

$$q = \frac{\sqrt[3]{\sqrt{81f^2\kappa_1^2\kappa_3^4 + 12\kappa_w^3\kappa_3^3 + 9f\kappa_1\mu_3^2}}}{23^{2/9}\kappa_3} - \frac{\sqrt[3]{2/3}\kappa_w}{\sqrt[3]{\sqrt{81f^2\kappa_1^2\kappa_3^4 + 12\kappa_w^3\kappa_3^3 + 9f\kappa_1\mu_3^2}}}$$

并且有特征时间 $T = \sqrt{\dfrac{m_g}{k_g}}$ 以及特征长度 $H = 0.001\,(\mathrm{m})$。在后面的
计算中,为了简化起见,令 $q=1$,如果该结果不满足,则我们可以通过
调节初始的进给量 f 来达到这个目的。由此,可以将方程(2-8)简
化为

$$\frac{\mathrm{d}\boldsymbol{y}(\tau)}{\mathrm{d}\tau} = \boldsymbol{A}\boldsymbol{y}(\tau) + \boldsymbol{D_g}\boldsymbol{y}(\tau-\tau_g) + \boldsymbol{D_w}\boldsymbol{y}(\tau-\tau_w) + \boldsymbol{f} \qquad (2-11)$$

其中

$$\boldsymbol{A} = \begin{pmatrix} 0 & 0 & 1 & 0 \\ 0 & 0 & 0 & 1 \\ -1-\kappa_1 & \kappa_1\sin\left(\frac{\pi P}{L}\right) & -\xi_g & 0 \\ \gamma\kappa_1 & -\gamma\kappa_1\sin\left(\frac{\pi P}{L}\right)-\kappa_w & 0 & -\xi_w \end{pmatrix}$$

$$\boldsymbol{f} = \begin{pmatrix} 0 \\ 0 \\ 0 \\ -\kappa_2 y_2^2(t) - \kappa_3 y_2^3(t) \end{pmatrix}$$

$$\boldsymbol{D}_{\text{g}} = \begin{pmatrix} 0 & 0 & 0 & 0 \\ 0 & 0 & 0 & 0 \\ \kappa_1 & 0 & 0 & 0 \\ -\gamma\kappa_1 & 0 & 0 & 0 \end{pmatrix}, \boldsymbol{D}_{\text{w}} = \begin{pmatrix} 0 & 0 & 0 & 0 \\ 0 & 0 & 0 & 0 \\ 0 & -\kappa_1\sin\left(\dfrac{\pi P}{L}\right) & 0 & 0 \\ 0 & \gamma\kappa_1\sin\left(\dfrac{\pi P}{L}\right) & 0 & 0 \end{pmatrix}$$

$$(2-12)$$

至此,已经建立了关于切入式外圆磨削的动力学方程(2-11),并且其平衡点为 $\boldsymbol{y} = \boldsymbol{0}$。对应于磨削过程的稳定性,可以从数学上探讨方程(2-11)的平衡点的稳定性。为此,接下来将采用分析系统特征值的办法来探讨磨削稳定性。

2.3 磨 削 稳 定 性

前面提到,磨削过程的稳定性取决于磨削力中的再生效应。因此,接下来关注的重点在于磨削力对于磨削稳定性的影响。从数学上来说,应该考虑无量纲化后的磨削刚度 κ_1 以及时滞 τ_w 和 τ_g 对方程(2-11)的平凡平衡点的影响。

2.3.1 特征值分析与延拓算法

为了分析方程(2-11)的平衡点稳定性,需要讨论其特征值。首先,其特征矩阵为

$$\boldsymbol{M} = \lambda\boldsymbol{I} - \boldsymbol{A} - \boldsymbol{D}_{\text{g}}\exp(-\lambda\tau_g) - \boldsymbol{D}_{\text{w}}\exp(-\lambda\tau_w) \qquad (2-13)$$

相应的特征方程为

$$\det(\boldsymbol{M}) = 0 \qquad (2-14)$$

将方程(2-13)代入方程(2-14),得到

$$\lambda^2(1+\kappa_1+\gamma\kappa_1+\kappa_w+\xi_w\xi_g-\exp(-\lambda\tau_g)\kappa_1-\exp(-\lambda\tau_w)\gamma\kappa_1)$$
$$+\lambda(\gamma\kappa_1\xi_g+\kappa_w\xi_g+\xi_w+\kappa_1\xi_w-\exp(-\lambda\tau_g)\kappa_1\xi_w-\exp(-\lambda\tau_w)\kappa_1\xi_g)+\lambda^4$$
$$+\lambda^3(\xi_w+\xi_g)+\gamma\kappa_1+\kappa_w+\kappa_1\kappa_2-\exp(-\lambda\tau_g)\kappa_1\kappa_w-\exp(-\lambda\tau_w)\gamma\kappa_1=0$$

$$(2-15)$$

其中,$\lambda=\sigma\pm i\omega$ 代表系统的特征值。当它具有正实部时 $(\sigma>0)$,系统会失稳,并引发磨削颤振,因而该磨削过程稳定的前提是所有的特征值都具有负实部。对此,可以通过计算临界的情况 $(\sigma=0)$,在参数空间中区分出磨削过程稳定和不稳定的区域。

为了得到该稳定性边界,在方程(2-15)中考虑 $\lambda=\pm i\omega$ 并且分离其实部和虚部,可得到

$$\omega^2\left(\gamma\kappa_1\sin\left(\frac{P\pi}{L}\right)\cos(\tau_w\omega)-\gamma\kappa_1\sin\left(\frac{P\pi}{L}\right)+\kappa_1\cos(\tau_g\omega)-\kappa_1-\kappa_w\right)$$
$$-\omega^2(\xi_g\xi_w+1)-\omega\left(\gamma\kappa_1\xi_g\sin(\tau_w\omega)\sin\left(\frac{P\pi}{L}\right)+\kappa_1\xi_w\sin(\tau_1\omega)\right)+\omega^4$$
$$+\gamma\kappa_1\sin\left(\frac{P\pi}{L}\right)-\gamma\kappa_1\cos(\omega\tau_w)\sin\left(\frac{P\pi}{L}\right)+\kappa_1\kappa_w-\kappa_1\kappa_w\cos(\omega\tau_g)+\kappa_w=0$$

$$(2-16)$$

和

$$-\omega^3(\xi_g+\xi_w)-\omega^2\left(\kappa_1\sin(\tau_g\omega)+\gamma\kappa_1\sin(\tau_2\omega)\sin\left(\frac{P\pi}{L}\right)\right)$$
$$+\omega\left(\gamma\kappa_1\xi_g\sin\left(\frac{P\pi}{L}\right)+\kappa_w\xi_g+\kappa_1\xi_w+\xi_w-\gamma\kappa_1\xi_g\cos(\tau_w\omega)\right)$$
$$-\omega\kappa_1\xi_w\cos(\tau_g\omega)+\gamma\kappa_1\sin(\tau_w\omega)\sin\left(\frac{P\pi}{L}\right)+\kappa_1\kappa_w\sin(\tau_g\omega)=0$$

$$(2-17)$$

可以看到,方程(2-16)和方程(2-17)是两个超越方程,且由于两个不同时滞 τ_g 和 τ_w 的存在,很难得到这两个方程的理论解。因此,在下面的分析中,将采用数值的办法连续地求解这两个方程。

为了同时求解方程(2-16)和方程(2-17),我们采用 Newton-Raphson 方法去得到数值的结果。众所周知,在初始值给得比较好的情况下,该数值方法具有极好的收敛性。然而其问题也在于,很多时候我们很难给出有效的初始值,从而得不到想要的数值结果。此外,在方程(2-16)和方程(2-17)中,我们需要求解的量包括磨削力参数 κ_1、τ_g 和 τ_w 以及方程特征值 ω,为了能够在三维参数空间中连续地找到系统的稳定性边界(即方程的解),必须始终给出有效的初始值。为此,给出了如图 2-3 中所描述的延拓算法[202]来达到该目的。

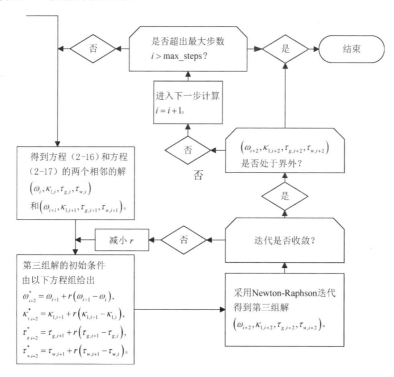

图 2-3　延拓算法

采用图 2-3 中所描述的延拓算法,可以得到系统的稳定性边界线。即使是在三维的参数空间 $\kappa_1 - \tau_g - \tau_w$ 中,通过改变延拓的方向进行多次计算,也能够在三维空间中得到稳定性边界面,用来区分磨削稳定和不稳定区域。下面就用一个算例来证实该算法的有效性。

2.3.2　磨削稳定性边界

在利用上面的延拓算法探讨磨削稳定性之前,需要确定系统的参数值,而在这里被选用的物理参数如表 2-1 所列。

表 2-1　固定的物理参数值

参　　数	符　　号	值(单位)
砂轮质量	m_g	30 (kg)
砂轮阻尼	c_g	4.5×10^3 (N·s·m^{-1})
砂轮刚度	k_g	3.0×10^6 (N·m^{-1})
工件密度	ρ	8.86×10^3 (kg·m^{-3})
工件杨氏模量	E	2.34×10^{11} (N·m^{-2})
工件等效阻尼	$\dfrac{2C_w}{L}$	9.8×10^3 (N·s·m^{-1})
工件长度	L	2 (m)
工件截面积	A	6.91×10^{-3} (m^2)
砂轮位置	P	1 (m)

表 2-1 中的参数均可以还原为实际的工况,相应的无量纲参数可以用方程(2-10)计算得到,如表 2-2 所列。

此外,在图 2-3 所示的延拓算法中,还需要先确定非固定参数 $\kappa_1 - \tau_g - \tau_w$ 的取值范围,相应的取值都记录在表 2-3 中。

表 2 - 2　固定参数对应的无量纲量

ξ_g	0.474 342
ξ_w	0.502 651
γ	0.486 588
κ_w	0.998 521

表 2 - 3　磨削力参数取值范围

k_c	$0 \sim 3.0 \times 10^6$ (kg)	κ_1	$0 \sim 1$
N_g	$140 \sim 175$ (r·min^{-1})	τ_g	$11.353\ 8 \sim 14.192\ 3$
N_w	$665 \sim 1\ 330$ (r·min^{-1})	τ_w	$14.265\ 9 \sim 28.531\ 8$

根据图 2 - 3,在确定了固定的参数值以及变化参数的取值范围以后,还需要有方程的两个解作为延拓的起点。为此,可以引入一个新的函数来辅助寻找延拓的起始点。通过引入函数

$$F(\omega) = \sin^2(\omega \tau_w) + \cos^2(\omega \tau_w) - 1, \qquad (2-18)$$

可以消除方程(2 - 16)和方程(2 - 17)中的 τ_w。根据三角恒等式 $\sin^2(\omega \tau_w) + \cos^2(\omega \tau_w) = 1$ 可以知道,若方程(2 - 16)和方程(2 - 17)的解存在,则方程 $F(\omega) = 0$ 有解,否则其解不存在,同时系统的临界特征值也就不存在。于是,将另外两个参数 κ_1 和 τ_g 固定下来以后,绘出 $F(\omega)$ 与 ω 的关系,可以得到图 2 - 4。从图 2 - 4 中可以找到方程 $F(\omega) = 0$ 的解,从而估计出满足方程(2 - 16)和方程(2 - 17)的 ω 的取值范围。这之后,将 ω 的值代入方程(2 - 16)和方程(2 - 17),则可以求出参数 τ_w 的值。这些结果将被用作后续延拓算法的起始点。例如图 2 - 4(a)中,当 $\kappa_1 = 1$ 而 $\tau_g = 11.3$ 的时候,可以找到 ω 的一个解为 1.099,再将其代入方程(2 - 16)或方程(2 - 17)中,我们得到所求的 τ_w 可以取值为 16.304。更多的相应结果列在了表 2 - 4 中。

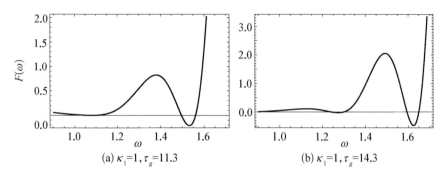

图 2 - 4　$F(\omega)$

表 2 - 4　延 拓 起 始 点

κ_1	τ_g	τ_w	ω
1.0	11.3	16.304 22.023 27.742	1.099
		9.837 13.832 17.828 21.824 25.819	1.572
1.0	14.3	12.931 17.750 22.570 27.389 32.209	1.304
		15.734 19.649 23.564 27.479	1.605

　　以表 2 - 4 中的结果作为起点,采用图 2 - 3 中所描述的延拓算法,可以在参数空间中依次找出分割磨削稳定和不稳定区域的临界曲面,相应的结果绘制在了图 2 - 5 中。

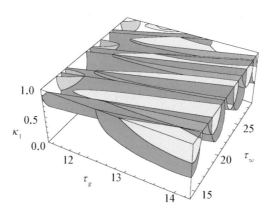

图 2‑5　特征值临界面

可以看出，图2‑5中的各个曲面代表了临界特征值 $\lambda = \pm i\omega$ 存在的参数区域。其中，不同的曲面分别由不同的起点延拓而出，不仅如此，颜色相同的曲面还代表了这些临界曲面上的特征值 ω 的取值是一致的。为了能够进一步地看清参数空间中的磨削稳定和不稳定区域，下面用一系列的截面来展示这些临界边界。

在图2‑6中，通过固定 κ_1 的值来截取图2‑5中的不同截面，从而探讨各个参数对于磨削稳定性的影响。在图2‑6中可以看到，在无量纲磨削刚度比较小的时候（$\kappa_1 = 0.5$），系统的稳定性区域（灰色）相对大得多。但随着 κ_1 的增大，这些磨削稳定区域会被不稳定的区域（白色）逐渐蚕食掉，这意味着大的磨削刚度会降低磨削稳定性。另一方面，还可以看出两个时滞 τ_g 和 τ_w 也对磨削的稳定性有很大程度的影响，且这种影响随着时滞的改变呈现出了一种周期性。例如，从图2‑6中可以看出，随着 τ_w 的改变，该磨削过程会在稳定和不稳定之间不断地切换。再考虑到这里的时滞分别反映了砂轮和工件的转速，可以知道加工过程中转速的选取需要根据实际的情况，而不是一味地增大或是减小。

为了从另一个角度说明磨削力对系统稳定性的影响，可固定 τ_g 的值去

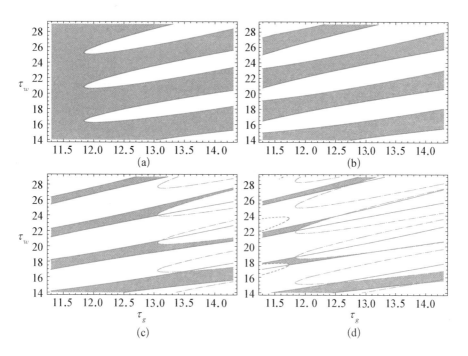

图 2 - 6 临界曲线、磨削稳定(灰色)与不稳定(白色)区域:
(a) $\kappa_1 = 0.5$, (b) $\kappa_1 = 0.6$, (c) $\kappa_1 = 0.8$, (d) $\kappa_1 = 1.0$。

研究 κ_1 和 τ_w 对于磨削稳定性的影响,相应的截面图都绘制在了图 2 - 7 中。可以看到,图 2 - 7 类似于车削颤振中的"Lobes"图。而由图 2 - 7 可以看出,该磨削过程在 $\kappa_1 < 0.4$ 的时候会始终保持稳定,无论 τ_g 和 τ_w 的值是多少。但随着 κ_1 的增大,可用的工件转速(对应于 τ_w)的选择范围则越来越小。由此可知,减小砂轮与工件之间的磨削刚度对于维持磨削加工的稳定性具有极其重要的意义。

通过分析系统特征值找到了该磨削过程的稳定性边界以后,可以区分磨削加工过程的稳定和不稳定区域。在实际的磨削加工过程中,应当尽量去利用磨削稳定性区域,避免加工过程中的颤振。下一章中将探讨当参数跨过稳定性边界进入不稳定区域的时候颤振的主要产生形式。

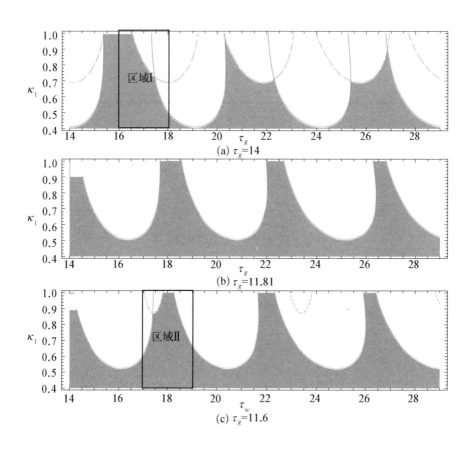

图 2-7 临界曲线、磨削稳定(灰色)与不稳定(白色)区域

2.4 本章小结

　　本章基于简支梁的基本方程和再生颤振理论,给出了磨削加工过程的动力学控制方程。之后,提出了一种基于特征值分析的延拓算法用于讨论磨削力中的各个参数对于磨削稳定性的影响。在此基础上,对该方程线性部分进行了特征值分析,从而找到了该磨削过程的稳定性边界。

　　结果表明,该延拓算法能够有效地连续求解系统的特征方程,从而找出系统的稳定性边界。从该图可以看出,比较弱的磨削力(磨削刚度较小)有利于磨削过程保持其稳定性,而较大的磨削力会使得磨削稳定性大大降低。此外,工件和砂轮转速对于磨削稳定性的影响呈现出了周期性,这意味着应该根据需要选择合适的加工转速,而不是像磨削刚度一样一味地减小。

第3章

切入式外圆磨削中的颤振运动

3.1 概 述

上一章讨论了切入式外圆磨削加工过程的稳定性问题,并通过延拓算法划分出了磨削稳定性区域。根据线性理论知道,在稳定区域中控制方程的平衡点局部稳定,相对应的磨削过程平稳而没有颤振。但当系统参数跨过边界,进入不稳定区域的时候,磨削过程会相应地失稳,引发再生颤振。本章基于分岔理论的相关方法,着力探讨切入式磨削过程中颤振运动的各种产生方式。

以前的研究表明,再生颤振可以通过各种分岔过程从稳定加工中产生。其中最为简单的情况便是超临界 Hopf 分岔[138]。例如,Nayfe[139]就讨论过车削中由超临界 Hopf 分岔诱发的颤振,而 Kalmar-Nagy[8]则探讨了由亚临界 Hopf 分岔产生的车削颤振。此外,Nafeh[130]、Kim[12] 和 Insperger 等人[140]也都在同一模型中发现了两种 Hopf 分岔诱发的颤振。值得说明的是,由超临界 Hopf 导致的颤振属于简单的情况,它使得机械加工的稳定和不稳定情况泾渭分明,从线性分析得到的稳定性边界就足以区分稳定区域和颤振区域。与之相反,亚临界分岔使得原本线性稳定的区域中产生大振幅颤振与稳定磨削共存的现象，相对应的无条件稳定区域被转化为条件稳定区域，这使得颤振动力学分析中的非线性分析不可或缺。此外，在两种 Hopf 分岔切换的地方，还会产生更具有非线性特性的 Bautin 分岔[141]。为了进一步划分出稳定磨削与颤振运动共存的区域，对该系统进行 Bautin 分岔的分析也是非常有必要的。

　　为了对颤振运动进行预测，下面将采用摄动方法。在现有的参考文献中，常见的摄动法包括中心流行和规范型方法[16, 206]、多尺度方法[130, 205-210]、摄动增量法[146,171,211-225]等多种不同的方法，而这些方法也早已被应用于各种切削颤振的分析之中。例如，Namachchivay 和 Van Roessel[16] 利用中心流行规范型方法讨论了车削加工中的颤振运动；Nayfeh 等人[130] 则利用多尺度方法研究了车削颤振；而 Chung 和 Liu[169] 则采用了摄动增量法探讨了往复式磨削加工中的颤振问题。应该说，这些摄动方法都能够有效地帮助分析磨削颤振的问题，一般来说，不同方法仅有定量上的区别，而不会产生定性的影响。这里选择了多尺度方法作为分岔分析的主要手段。除了这些理论的方法，还有很多数值的工具可以用来帮助分析，比如下面的分析过程就用到了免费软件包 DDEBIFTOOL[204] 和 XPPAUT[230]。

　　接着第 1 章中线性分析的结果，本章的 3.2 节采用多尺度方法推导得出了该磨削过程在临界状态时的规范型方程。基于该方程，3.3 节预测了由超临界 Hopf 分岔所引发的周期性磨削颤振运动。此外，3.4 节又探讨了该过程中的亚临界 Hopf 分岔和 Bautin 分岔。通过分岔分析，在参数平面上找出了条件稳定区域，指出这些区域中的系统动力学行为不仅取决于参数的选取，还决定于系统的初始状态。最后说明这些线性稳定的参数区域在实际加工过程中并不适用，因而对磨削动力学方程进行非线性分析是非常有必要的。

3.2 多尺度分析

下面采用多尺度方法对颤振运动进行摄动分析。首先，对应于方程(2-13)中的特征矩阵 $\boldsymbol{M}$，将其改写为

$$\boldsymbol{M} = \boldsymbol{M}_{\mathbf{R}} + \mathrm{i}\boldsymbol{M}_{\mathbf{I}} = \lambda\boldsymbol{I} - \boldsymbol{A} - \boldsymbol{D}_{\mathbf{g}}\exp(-\lambda\tau_g) - \boldsymbol{D}_{\mathbf{w}}\exp(-\lambda\tau_w) \tag{3-1}$$

其中，$\boldsymbol{M}_{\mathbf{R}}$ 和 $\boldsymbol{M}_{\mathbf{I}}$ 都是由实数元素构成的矩阵，分别代表特征矩阵的实部和虚部。此外，对应于每一个特征值 λ，都有相应的左、右特征向量：

$$\boldsymbol{r} + \mathrm{i}\boldsymbol{s} = \begin{bmatrix} r_1 + \mathrm{i}s_1 \\ r_2 + \mathrm{i}s_2 \\ r_3 + \mathrm{i}s_3 \\ r_4 + \mathrm{i}s_4 \end{bmatrix}, \text{和} \ \boldsymbol{p} + \mathrm{i}\boldsymbol{q} = \begin{bmatrix} p_1 + \mathrm{i}q_1 \\ p_2 + \mathrm{i}q_2 \\ p_3 + \mathrm{i}q_3 \\ p_4 + \mathrm{i}q_4 \end{bmatrix} \tag{3-2}$$

它们满足

$$\boldsymbol{r}\boldsymbol{M}_{\mathbf{R}} = \boldsymbol{s}\boldsymbol{M}_{\mathbf{I}},$$
$$\boldsymbol{s}\boldsymbol{M}_{\mathbf{R}} = -\boldsymbol{r}\boldsymbol{M}_{\mathbf{I}} \tag{3-3}$$

和

$$\boldsymbol{M}_{\mathbf{R}}\boldsymbol{p} = \boldsymbol{M}_{\mathbf{I}}\boldsymbol{q},$$
$$\boldsymbol{M}_{\mathbf{R}}\boldsymbol{q} = -\boldsymbol{M}_{\mathbf{I}}\boldsymbol{p} \tag{3-4}$$

一般来说，满足方程(3-3)和方程(3-4)的左右特征向量有无穷多种选择。因此，为了使分析过程唯一，需要对左、右特征进行某种归一化，在这里选择 $r_1 = 1$、$s_1 = 0$、$p_1 = 1$ 和 $q_1 = 0$。如此一来，所选用的特征向量就有了

唯一性。

在系统参数处于稳定性边界上的时候,有 $\lambda = \pm \mathrm{i}\omega$,此时,系统的动力学行为可以用摄动法进行预测。首先,需要引入不同的时间尺度 $T_0 = \tau$、$T_1 = \varepsilon\tau$ 和 $T_2 = \varepsilon^2\tau$,其中,ε 是一个远小于 1 的无量纲参数,用来在摄动分析中帮助匹配不同的量级。与之相应,状态变量 $\boldsymbol{y}(\tau)$ 对于时间 τ 的导数则变为

$$\frac{\mathrm{d}\boldsymbol{y}(\tau)}{\mathrm{d}\tau} = \frac{\partial \boldsymbol{y}(T_0,\, T_1,\, T_2)}{\partial T_0} + \varepsilon\, \frac{\partial \boldsymbol{y}(T_0,\, T_1,\, T_2)}{\partial T_1} + \varepsilon^2\, \frac{\partial \boldsymbol{y}(T_0,\, T_1,\, T_2)}{\partial T_2}$$

$$(3-5)$$

其中

$$\boldsymbol{y}(T_0,\, T_1,\, T_2) = \begin{bmatrix} y_{10}(T_0,\, T_1,\, T_2) \\ y_{20}(T_0,\, T_1,\, T_2) \\ y_{30}(T_0,\, T_1,\, T_2) \\ y_{40}(T_0,\, T_1,\, T_2) \end{bmatrix} + \varepsilon \begin{bmatrix} y_{11}(T_0,\, T_1,\, T_2) \\ y_{21}(T_0,\, T_1,\, T_2) \\ y_{31}(T_0,\, T_1,\, T_2) \\ y_{41}(T_0,\, T_1,\, T_2) \end{bmatrix} + \varepsilon^2 \begin{bmatrix} y_{12}(T_0,\, T_1,\, T_2) \\ y_{22}(T_0,\, T_1,\, T_2) \\ y_{32}(T_0,\, T_1,\, T_2) \\ y_{42}(T_0,\, T_1,\, T_2) \end{bmatrix}$$

$$(3-6)$$

而时滞项 $y_g(\tau - \tau_g)$ 和 $y_w(\tau - \tau_w)$ 则变为

$$\begin{aligned} y_1(\tau - \tau_g) = &\, y_{10}(T_0 - \tau_g,\, T_1 - \varepsilon\tau_g,\, T_2 - \varepsilon^2\tau_g) \\ &+ \varepsilon y_{11}(T_0 - \tau_g,\, T_1 - \varepsilon\tau_g,\, T_2 - \varepsilon^2\tau_g) \\ &+ \varepsilon^2 y_{12}(T_0 - \tau_g,\, T_1 - \varepsilon\tau_g,\, T_2 - \varepsilon^2\tau_g) \end{aligned} \qquad (3-7)$$

和

$$\begin{aligned} y_2(\tau - \tau_w) = &\, y_{20}(T_0 - \tau_w,\, T_1 - \varepsilon\tau_w,\, T_2 - \varepsilon^2\tau_w) \\ &+ \varepsilon y_{21}(T_0 - \tau_w,\, T_1 - \varepsilon\tau_w,\, T_2 - \varepsilon^2\tau_w) \\ &+ \varepsilon^2 y_{22}(T_0 - \tau_w,\, T_1 - \varepsilon\tau_w,\, T_2 - \varepsilon^2\tau_w) \end{aligned} \qquad (3-8)$$

为了保证摄动分析是在临界参数附近进行，需要对所关心的参数在其临界值附近进行摄动。对应于图 2-7 中的各条临界曲线，分别如下摄动参数 κ_1 和 τ_w：

$$\kappa_1 = \kappa_{1c} + \varepsilon\kappa_{1\varepsilon}，和 \ \tau_w = \tau_{wc} + \varepsilon\tau_{w\varepsilon} \tag{3-9}$$

其中，κ_{1c} 和 τ_{wc} 分别代表系统处于临界状态时参数 κ_1 和 τ_w 的临界值，而 $\varepsilon\kappa_{1\varepsilon}$ 和 $\varepsilon\tau_{w\varepsilon}$ 则代表对这两个参数在其临界值附近对它们进行了小范围的摄动。接下来，将方程(3-7)和方程(3-8)进行 Taylor 展开并保留其 ε 低阶项，得到

$$
\begin{aligned}
y_1(\tau - \tau_g) = {} & y_{10}(T_0 - \tau_g, T_1, T_2) \\
& + \varepsilon\left(-\tau_g \frac{\partial}{\partial T_1} y_{10}(T_0 - \tau_g, T_1, T_2) + y_{11}(T_0 - \tau_g, T_1, T_2)\right) \\
& + \varepsilon^2\left(+ y_{12}(T_0 - \tau_g, T_1, T_2) + \frac{\tau_g^2}{2} \frac{\partial^2}{\partial T_1^2} y_{10}(T_0 - \tau_g, T_1, T_2)\right) \\
& - \varepsilon^2\left(\tau_g \frac{\partial}{\partial T_1} y_{11}(T_0 - \tau_g, T_1, T_2) + \tau_g \frac{\partial}{\partial T_2} y_{10}(T_0 - \tau_g, T_1, T_2)\right)
\end{aligned}
$$

$$\tag{3-10}$$

和

$$
\begin{aligned}
y_2(\tau - \tau_w) = {} & y_{20}(T_0 - \tau_{wc}, T_1, T_2) - \varepsilon\tau_{wc} \frac{\partial}{\partial T_1} y_{20}(T_0 - \tau_{wc}, T_1, T_2) \\
& + \varepsilon y_{21}(T_0 - \tau_{wc}, T_1, T_2) - \varepsilon\tau_{w\varepsilon} \frac{\partial}{\partial T_0} y_{20}(T_0 - \tau_{wc}, T_1, T_2) \\
& + \varepsilon^2 y_{22}(T_0 - \tau_{wc}, T_1, T_2) + \varepsilon^2 \frac{\tau_{wc}^2}{2} \frac{\partial^2}{\partial T_1^2} y_{20}(T_0 - \tau_{wc}, T_1, T_2) \\
& - \varepsilon^2 \tau_{wc} \frac{\partial}{\partial T_1} y_{21}(T_0 - \tau_{wc}, T_1, T_2) - \varepsilon^2 \tau_{w\varepsilon}\tau_{wc} \frac{\partial^2}{\partial T_0 \partial T_1} y_{20}(T_0 - \tau_{wc}, T_1, T_2) \\
& - \varepsilon^2 \tau_{wc} \frac{\partial}{\partial T_2} y_{20}(T_0 - \tau_{wc}, T_1, T_2) - \varepsilon^2 \tau_{w\varepsilon} \frac{\partial}{\partial T_1} y_{20}(T_0 - \tau_{wc}, T_1, T_2)
\end{aligned}
$$

$$-\varepsilon^2\tau_{w\varepsilon}\frac{\partial}{\partial T_0}y_{21}(T_0-\tau_{wc},\ T_1,\ T_2)+\frac{\varepsilon^2\tau_{w\varepsilon}}{2}\frac{\partial^2}{\partial T_0^2}y_{20}(T_0-\tau_{wc},\ T_1,\ T_2)$$

$$(3-11)$$

下面将方程(3-5)、方程(3-6)、方程(3-9)、方程(3-10)和方程(3-11)全部代入切入式外圆磨削的控制方程(2-11),然后按照 ε 的量级分别提取 ε^0、ε^1 和 ε^2 的系数项,可以得到下面的一系列方程组。ε^0 的系数为

$$\frac{\partial}{\partial T_0}y_{10}(T_0,\ T_1,\ T_2)-y_{30}(T_0,\ T_1,\ T_2)=0 \qquad (3-12)$$

$$\frac{\partial}{\partial T_0}y_{20}(T_0,\ T_1,\ T_2)-y_{40}(T_0,\ T_1,\ T_2)=0 \qquad (3-13)$$

$$\frac{\partial}{\partial T_0}y_{30}(T_0,\ T_1,\ T_2)+\kappa_{1c}y_{20}(T_0-\tau_{wc},\ T_1,\ T_2)$$

$$+\xi_g y_{30}(T_0,\ T_1,\ T_2)-\kappa_{1c}y_{10}(T_0-\tau_g,\ T_1,\ T_2)$$

$$-\kappa_{1c}y_{20}(T_0,\ T_1,\ T_2)+(1+\kappa_{1c})y_{10}(T_0,\ T_1,\ T_2)=0 \quad (3-14)$$

和

$$\frac{\partial}{\partial T_0}y_{40}(T_0,\ T_1,\ T_2)-\gamma\kappa_{1c}y_{20}(T_0-\tau_{wc},\ T_1,\ T_2)$$

$$+\xi_w y_{40}(T_0,\ T_1,\ T_2)+\gamma\kappa_{1c}y_{10}(T_0-\tau_g,\ T_1,\ T_2)$$

$$-\gamma\kappa_{1c}y_{10}(T_0,\ T_1,\ T_2)+(\gamma\kappa_{1c}+\kappa_w)y_{20}(T_0,\ T_1,\ T_2)=0$$

$$(3-15)$$

ε^1 的系数为

$$\frac{\partial}{\partial T_0}y_{11}(T_0,\ T_1,\ T_2)-y_{31}(T_0,\ T_1,\ T_2)=-\frac{\partial}{\partial T_1}y_{10}(T_0,\ T_1,\ T_2)$$

$$(3-16)$$

$$\frac{\partial}{\partial T_0} y_{21}(T_0, T_1, T_2) - y_{41}(T_0, T_1, T_2) = -\frac{\partial}{\partial T_1} y_{20}(T_0, T_1, T_2)$$

$$(3-17)$$

$$\frac{\partial}{\partial T_0} y_{31}(T_0, T_1, T_2) + \kappa_{1c} y_{21}(T_0 - \tau_{wc}, T_1, T_2) + \xi_g y_{31}(T_0, T_1, T_2)$$

$$-\kappa_{1c} y_{11}(T_0 - \tau_g, T_1, T_2) - \kappa_{1c} y_{21}(T_0, T_1, T_2) + (1 + \kappa_{1c}) y_{11}(T_0, T_1, T_2)$$

$$= \kappa_{1c} \tau_{wc} \frac{\partial y_{20}}{\partial T_1}(T_0 - \tau_{wc}, T_1, T_2) - \frac{\partial}{\partial T_1} y_{30}(T_0, T_1, T_2) - \kappa_{1\varepsilon} y_{10}(T_0, T_1, T_2)$$

$$-\kappa_{1c} \tau_g \frac{\partial y_{10}}{\partial T_1}(T_0 - \tau_g, T_1, T_2) + \kappa_{1\varepsilon} y_{10}(T_0 - \tau_g, T_1, T_2) + \kappa_{1\varepsilon} y_{20}(T_0, T_1, T_2)$$

$$-\kappa_{1\varepsilon} y_{20}(T_0 - \tau_{wc}, T_1, T_2) + \kappa_{1c} \tau_{w\varepsilon} \frac{\partial}{\partial T_0} y_{20}(T_0 - \tau_{wc}, T_1, T_2) \qquad (3-18)$$

和

$$\frac{\partial}{\partial T_0} y_{41}(T_0, T_1, T_2) - \gamma \kappa_{1c} y_{21}(T_0 - \tau_{wc}, T_1, T_2) + \xi_w y_{41}(T_0, T_1, T_2)$$

$$+\gamma \kappa_{1c} y_{11}(T_0 - \tau_g, T_1, T_2) - \gamma \kappa_{1c} y_{11}(T_0, T_1, T_2)$$

$$+(\gamma \kappa_{1c} + \kappa_w) y_{21}(T_0, T_1, T_2) = -\gamma \kappa_{1c} \tau_{wc} \frac{\partial}{\partial T_1} y_{20}(T_0 - \tau_{wc}, T_1, T_2)$$

$$-\frac{\partial}{\partial T_1} y_{40}(T_0, T_1, T_2) + \gamma \kappa_{1c} \tau_g \frac{\partial}{\partial T_1} y_{10}(T_0 - \tau_g, T_1, T_2) - \kappa_2 y_{20}^3(T_0, T_1, T_2)$$

$$+\gamma \kappa_{1\varepsilon} y_{10}(T_0, T_1, T_2) - \gamma \kappa_{1\varepsilon} y_{10}(T_0 - \tau_g, T_1, T_2) - \gamma \kappa_{1\varepsilon} y_{20}(T_0, T_1, T_2)$$

$$+\gamma \kappa_{1\varepsilon} y_{20}(T_0 - \tau_{wc}, T_1, T_2) - \gamma \kappa_{1c} \tau_{w\varepsilon} \frac{\partial}{\partial T_0} y_{20}(T_0 - \tau_{wc}, T_1, T_2) \quad (3-19)$$

以及 ε^2 的系数

$$\frac{\partial}{\partial T_0} y_{12}(T_0, T_1, T_2) - y_{32}(T_0, T_1, T_2) =$$

$$-\frac{\partial}{\partial T_2}y_{10}(T_0,T_1,T_2)-\frac{\partial}{\partial T_1}y_{11}(T_0,T_1,T_2)$$

$$(3-20)$$

$$\frac{\partial}{\partial T_0}y_{22}(T_0,T_1,T_2)-y_{42}(T_0,T_1,T_2)=$$

$$-\frac{\partial}{\partial T_2}y_{20}(T_0,T_1,T_2)-\frac{\partial}{\partial T_1}y_{21}(T_0,T_1,T_2)$$

$$(3-21)$$

$$\frac{\partial}{\partial T_0}y_{32}(T_0,T_1,T_2)+\kappa_{1c}y_{22}(T_0-\tau_{wc},T_1,T_2)+\xi_g y_{32}(T_0,T_1,T_2)$$

$$-\kappa_{1c}y_{12}(T_0-\tau_g,T_1,T_2)-\kappa_{1c}y_{22}(T_0,T_1,T_2)+(1+\kappa_{1c})y_{12}(T_0,T_1,T_2)$$

$$=\frac{\tau_g^2\kappa_{1c}}{2}\frac{\partial^2}{\partial T_1^2}y_{10}(T_0-\tau_g,T_1,T_2)-\tau_g\kappa_{1c}\frac{\partial}{\partial T_2}y_{10}(T_0-\tau_g,T_1,T_2)$$

$$-\tau_g\kappa_{1c}\frac{\partial}{\partial T_1}y_{11}(T_0-\tau_g,T_1,T_2)+\kappa_{1c}\tau_{wc}\frac{\partial}{\partial T_2}y_{20}(T_0-\tau_{wc},T_1,T_2)$$

$$+\kappa_{1c}\tau_{wc}\frac{\partial}{\partial T_1}y_{21}(T_0-\tau_{wc},T_1,T_2)-\frac{\kappa_{1c}\tau_{wc}^2}{2}\frac{\partial^2}{\partial T_1^2}y_{20}(T_0-\tau_{wc},T_1,T_2)$$

$$-\frac{\partial}{\partial T_2}y_{30}(T_0,T_1,T_2)-\frac{\partial}{\partial T_1}y_{31}(T_0,T_1,T_2)-\kappa_{1\varepsilon}y_{11}(T_0,T_1,T_2)$$

$$+\kappa_{1\varepsilon}y_{11}(T_0-\tau_g,T_1,T_2)+\kappa_{1\varepsilon}y_{21}(T_0,T_1,T_2)-\kappa_{1\varepsilon}y_{21}(T_0-\tau_{wc},T_1,T_2)$$

$$-\kappa_{1\varepsilon}\tau_g\frac{\partial}{\partial T_1}y_{10}(T_0-\tau_g,T_1,T_2)+\kappa_{1c}\tau_{w\varepsilon}\frac{\partial}{\partial T_1}y_{20}(T_0-\tau_{wc},T_1,T_2)$$

$$+\kappa_{1\varepsilon}\tau_{wc}\frac{\partial}{\partial T_1}y_{20}(T_0-\tau_{wc},T_1,T_2)+\kappa_{1\varepsilon}\tau_{w\varepsilon}\frac{\partial}{\partial T_0}y_{20}(T_0-\tau_{wc},T_1,T_2)$$

$$+\kappa_{1c}\tau_{w\varepsilon}\frac{\partial}{\partial T_0}y_{21}(T_0-\tau_{wc},T_1,T_2)-\kappa_{1c}\tau_{w\varepsilon}\tau_{wc}\frac{\partial^2}{\partial T_0\partial T_1}y_{20}(T_0-\tau_{wc},T_1,T_2)$$

$$-\frac{\kappa_{1c}\tau_{w\varepsilon}^2}{2}\frac{\partial^2}{\partial T_0^2}y_{20}(T_0-\tau_{wc},T_1,T_2) \qquad (3-22)$$

和

$$\frac{\partial}{\partial T_0}y_{42}(T_0, T_1, T_2) - \gamma\kappa_{1c}y_{22}(T_0 - \tau_{wc}, T_1, T_2) + \xi_w y_{42}(T_0, T_1, T_2)$$

$$+ \gamma\kappa_{1c}y_{12}(T_0 - \tau_g, T_1, T_2) - \gamma\kappa_{1c}y_{12}(T_0, T_1, T_2)$$

$$+ (\gamma\kappa_{1c} + \kappa_w)y_{22}(T_0, T_1, T_2) = -\gamma\kappa_{1c}\tau_{wc}\frac{\partial}{\partial T_2}(T_0 - \tau_{wc}, T_1, T_2)$$

$$- \frac{\partial}{\partial T_2}y_{40}(T_0, T_1, T_2) + \gamma\kappa_{1c}\tau_g\frac{\partial}{\partial T_1}y_{10}(T_0 - \tau_g, T_1, T_2)$$

$$- 2\kappa_2 y_{21}(T_0, T_1, T_2)y_{20}(T_0, T_1, T_2) + \gamma\tau_g\kappa_{1c}\frac{\partial}{\partial T_1}y_{11}(T_0 - \tau_g, T_1, T_2)$$

$$- \gamma\kappa_{1c}\tau_{wc}\frac{\partial}{\partial T_1}y_{21}(T_0 - \tau_{wc}, T_1, T_2) - \frac{\partial}{\partial T_1}y_{41}(T_0, T_1, T_2)$$

$$- \frac{\gamma\tau_g^2\kappa_{1c}}{2}\frac{\partial^2}{\partial T_1^2}y_{10}(T_0 - \tau_g, T_1, T_2) - \frac{\gamma\tau_{wc}^2\kappa_{1c}}{2}\frac{\partial^2}{\partial T_1^2}y_{20}(T_0 - \tau_g, T_1, T_2)$$

$$+ \gamma\kappa_{1\varepsilon}y_{11}(T_0, T_1, T_2) - \gamma\kappa_{1\varepsilon}y_{11}(T_0 - \tau_g, T_1, T_2) - \gamma\kappa_{1\varepsilon}y_{21}(T_0, T_1, T_2)$$

$$+ \gamma\kappa_{1\varepsilon}y_{21}(T_0 - \tau_{wc}, T_1, T_2) + \gamma\kappa_{1\varepsilon}\tau_g\frac{\partial}{\partial T_1}y_{10}(T_0 - \tau_g, T_1, T_2)$$

$$+ \gamma\kappa_{1c}\tau_{w\varepsilon}\frac{\partial}{\partial T_1}y_{20}(T_0 - \tau_{wc}, T_1, T_2) - \gamma\kappa_{1\varepsilon}\tau_{wc}\frac{\partial}{\partial T_1}y_{20}(T_0 - \tau_{wc}, T_1, T_2)$$

$$- \gamma\kappa_{1\varepsilon}\tau_{w\varepsilon}\frac{\partial}{\partial T_0}y_{20}(T_0 - \tau_{wc}, T_1, T_2) - \gamma\kappa_{1c}\tau_{w\varepsilon}\frac{\partial}{\partial T_0}y_{21}(T_0 - \tau_{wc}, T_1, T_2)$$

$$+ \gamma\kappa_{1c}\tau_{wc}\tau_{w\varepsilon}\frac{\partial^2}{\partial T_0\partial T_1}y_{20}(T_0 - \tau_{wc}, T_1, T_2)$$

$$+ \frac{\gamma\kappa_{1c}\tau_{w\varepsilon}^2}{2}\frac{\partial^2}{\partial T_0^2}y_{20}(T_0 - \tau_{wc}, T_1, T_2) - \kappa_3 y_{20}^3(T_0, T_1, T_2) \qquad (3-23)$$

由于这里讨论的是临界曲线附近的情况,再结合方程(3-4),可以知道方程组(3-12)、方程组(3-13)、方程组(3-14)和方程组(3-15)的解具有以下形式:

$$\boldsymbol{y}_0(T_0,\ T_1,\ T_2)=\begin{Bmatrix} y_{10}(T_0,\ T_1,\ T_2) \\ y_{20}(T_0,\ T_1,\ T_2) \\ y_{30}(T_0,\ T_1,\ T_2) \\ y_{40}(T_0,\ T_1,\ T_2) \end{Bmatrix}$$

$$=B(T_1,\ T_2)\exp(\mathrm{i}\omega T_0)(\boldsymbol{p}+\mathrm{i}\boldsymbol{q})+\mathrm{c.c.}$$

$$(3-24)$$

其中，c.c. 代表它前面所有项的复共轭，而 ω 对应于临界特征值 $\lambda=\mathrm{i}\omega$ 的虚部，也对应于颤振发生时其线性部分的频率。

将方程(3-24)代入方程组(3-16)、方程组(3-17)、方程组(3-18)和方程组(3-19)，得到

$$\frac{\partial}{\partial T_0}\boldsymbol{y}_1(T_0,\ T_1,\ T_2)-(\boldsymbol{A}+\boldsymbol{D}_{\mathrm{g}}\exp(-\lambda\tau_g)$$
$$+\boldsymbol{D}_{\mathrm{w}}\exp(-\lambda\tau_w))\boldsymbol{y}_1(T_0,\ T_1,\ T_2)$$
$$=\boldsymbol{ST}_1+\boldsymbol{NST}_1$$

$$(3-25)$$

其中，$\boldsymbol{ST}_1$ 被称为共振项，即是与 $\mathrm{e}^{-\mathrm{i}\omega T_0}$ 成正比的所有项，在这里，它由下面方程给出：

$$\boldsymbol{ST}_1=\begin{Bmatrix} -1 \\ -p_2-\mathrm{i}q_2 \\ -p_3-\mathrm{i}q_3+\Delta_1 \\ -p_4-\mathrm{i}q_4-\gamma\Delta_1 \end{Bmatrix}\mathrm{e}^{-\mathrm{i}\omega T_0}\frac{\partial B}{\partial T_1}+\begin{Bmatrix} 0 \\ 0 \\ \Delta_2 \\ -\gamma\Delta_2 \end{Bmatrix}\mathrm{e}^{-\mathrm{i}\omega T_0}B$$

$$(3-26)$$

式中

$$\Delta_1=-\kappa_{1c}\tau_g\mathrm{e}^{-\mathrm{i}\omega\tau_g}+(p_2+\mathrm{i}q_2)\tau_{wc}\kappa_{1c}\mathrm{e}^{-\mathrm{i}\omega\tau_{wc}},$$
$$\Delta_2=(\mathrm{e}^{-\mathrm{i}\omega\tau_g}-1)\kappa_{1\varepsilon}+(p_2+\mathrm{i}q_2)(\kappa_{1\varepsilon}+(\mathrm{i}\omega\kappa_{1c}\tau_{w\varepsilon}-\kappa_{1\varepsilon})\mathrm{e}^{-\mathrm{i}\omega\tau_{wc}})$$

B 代表 $B(T_0,T_1)$，而 $\boldsymbol{NST}_1$ 则代表所有剩下的非共振项。

根据 Nayfeh 提出的多尺度方法[206]，为确保方程(3-25)的解中不存在长期项，其中的 $\boldsymbol{ST}_1$ 必须被消除。为此，给方程(3-25)引入一个特解：

$$\boldsymbol{y}_1^*(T_0,T_1,T_2)=\boldsymbol{\varphi}(T_1,T_2)\exp(\mathrm{i}\omega T_0)=\begin{pmatrix}\varphi_1(T_1,T_2)\\\varphi_2(T_1,T_2)\\\varphi_3(T_1,T_2)\\\varphi_4(T_1,T_2)\end{pmatrix}\exp(\mathrm{i}\omega T_0)$$

$$(3-27)$$

并且让它满足

$$(\boldsymbol{M}+\mathrm{i}\boldsymbol{N})\,\boldsymbol{y}_1^*(T_0,T_1,T_2)=\boldsymbol{ST}_1 \qquad (3-28)$$

根据 Fredholm 定理，$\boldsymbol{y}_1^*(T_0,T_1,T_2)$ 存在的充要条件(即可解性条件)是

$$(\boldsymbol{r}+\mathrm{i}\boldsymbol{s})\cdot\boldsymbol{ST}_1=0 \qquad (3-29)$$

采用以上方法，共振项 $\boldsymbol{ST}_1$ 全部被消除，我们直接求解方程(3-25)，得到

$$\boldsymbol{y}_1(T_0,T_1,T_2)=\begin{pmatrix}0\\\Delta_3\\0\\\mathrm{i}2\omega\Delta_3\end{pmatrix}B\mathrm{e}^{\mathrm{i}2\omega T_0}+\begin{pmatrix}0\\-\dfrac{2\kappa_2(p_2^2+q_2^2)}{\kappa_w}\\0\\0\end{pmatrix}B\bar{B}$$

$$(3-30)$$

其中，$\bar{B}$ 代表 $B(T_1,T_2)$ 的复共轭且

$$\Delta_3=\kappa_2\,(p_2+\mathrm{i}q_2)^2(4\omega^2-1-\kappa_{1c}-2\mathrm{i}\omega\xi_g+\kappa_{1c}\mathrm{e}^{-\mathrm{i}2\omega\tau_g})(-2\mathrm{i}\gamma\kappa_{1c}\xi_g\,\omega\mathrm{e}^{-2\mathrm{i}\omega\tau_{wc}}$$

$$+ 4\gamma\kappa_g\omega^2 e^{-2i\omega\tau_{wc}} - \gamma\kappa_{1c} e^{-2i\omega\tau_{wc}} + 2i\gamma\kappa_{1c}\xi_g\omega - 4\gamma\kappa_{1c}\omega^2 + \gamma\kappa_{1c}$$

$$- 2i\kappa_{1c}\xi_w\omega e^{-2i\omega\tau_g} + 2i\kappa_w\xi_g\omega + 2i\kappa_{1c}\xi_w\omega + 4\kappa_w\omega^2 e^{-2i\omega\tau_g} - \kappa_{1c}\kappa_w e^{-2i\omega\tau_g}$$

$$- 4\kappa_{1c}\omega^2 - 4\kappa_w\omega^2 + \kappa_{1c}\kappa_w + \kappa_w - 8i\xi_g\omega^3 - 8i\xi_w\omega^3 - 4\xi_g\xi_w\omega^2$$

$$+ 2i\xi_w\omega + 16\omega^4 - 4\omega^2)^{-1}$$

仿照前面的分析过程，将方程(3-24)和方程(3-30)代入方程组(3-16)、方程组(3-17)、方程组(3-18)和方程组(3-19)后可以得到

$$\frac{\partial}{\partial T_0} \boldsymbol{y}_2(T_0, T_1, T_2) - (\boldsymbol{A} + \boldsymbol{D_g}\exp(-\lambda\tau_g)$$
$$+ \boldsymbol{D_w}\exp(-\lambda\tau_w)) \boldsymbol{y}_2(T_0, T_1, T_2) \qquad (3-31)$$
$$= \boldsymbol{ST}_2 + \boldsymbol{NST}_2$$

其中，共振项是

$$\boldsymbol{ST}_2 = \begin{pmatrix} 0 \\ 0 \\ \Delta_4 \\ -\gamma\Delta_4 \end{pmatrix} e^{i\omega T_0} \frac{\partial B}{\partial T_1} + \begin{pmatrix} 0 \\ 0 \\ \Delta_5 \\ -\gamma\Delta_5 \end{pmatrix} e^{i\omega T_0} B + \begin{pmatrix} 0 \\ 0 \\ 0 \\ \Delta_6 \end{pmatrix} e^{i\omega T_0} B^2 \bar{B}$$

$$+ \begin{pmatrix} -1 \\ -p_2 - iq_2 \\ -p_3 - iq_3 + \Delta_7 \\ -p_4 - iq_4 - \gamma\Delta_7 \end{pmatrix} e^{i\omega T_0} \frac{\partial B}{\partial T_2} \qquad (3-32)$$

式中

$$\Delta_4 = -e^{i\omega\tau_g}\kappa_{1\varepsilon}\tau_g + e^{i\omega\tau_{wc}}(p_2 + iq_2)(\kappa_{1\varepsilon}\tau_{wc} + \kappa_c\tau_{w\varepsilon} - i\omega\kappa_{1c}\tau_{wc}\tau_{w\varepsilon}),$$

$$\Delta_5 = e^{-i\omega\tau_{wc}}\left(i\omega p_2\kappa_{1\varepsilon}\tau_{w\varepsilon} - \omega q_2\kappa_{1\varepsilon}\tau_{w\varepsilon} + \frac{1}{2}\omega^2 p_2\kappa_{1c}\tau_{w\varepsilon}^2 + \frac{1}{2}i\omega^2 q_2\kappa_{1c}\tau_{w\varepsilon}^2\right),$$

$$\Delta_6 = \frac{1}{\Delta_3\kappa_{wc}}(p_2 - iq_2)(p_2 + iq_2)^2$$

$$\times (4\Delta_3 \kappa_2^2 - 3\Delta_1 \kappa_{wc} \kappa_3 - 2\kappa_{wc}\kappa_2^2(-2\mathrm{i}\xi_g \omega + 4\omega^2 - 1 - \kappa_{1c} + \kappa_{1c}\mathrm{e}^{-\mathrm{i}2\omega\tau_g}))$$

$$\Delta_7 = -\mathrm{e}^{-\mathrm{i}\omega\tau_g}\kappa_{1c}\tau_g + (p_2 + q_2\mathrm{i})\mathrm{e}^{-\mathrm{i}\omega\tau_{wc}}\kappa_{1c}\tau_{wc}$$

然后我们用同样的方法去消除共振项 $\boldsymbol{ST}_2$，得到的可解性条件为

$$(\boldsymbol{r} + \mathrm{i}\boldsymbol{s}) \cdot \boldsymbol{ST}_2 = 0 \qquad (3-33)$$

接下来从两个可解性条件，即方程(3-29)和方程(3-33)中可以求解出

$$\frac{\partial B}{\partial T_1} = \frac{\Lambda_2}{\Lambda_1}B,$$

$$\frac{\partial B}{\partial T_2} = \frac{\Lambda_1\Lambda_5 + \Lambda_2\Lambda_4}{\Lambda_1\Lambda_7}B + \frac{\Lambda_6}{\Lambda_7}B^2\bar{B} \qquad (3-34)$$

其中

$$\Lambda_1 = 1 + (r_2 + \mathrm{i}s_2)(p_2 + \mathrm{i}q_2) + (r_3 + \mathrm{i}s_3)(p_3 + \mathrm{i}q_3 - \Delta_1)$$
$$+ (r_4 + \mathrm{i}s_4)(p_4 + \mathrm{i}q_4 + \gamma\Delta_1)$$

$$\Lambda_2 = (r_3 + \mathrm{i}s_3)\Delta_2 - \gamma(r_4 + \mathrm{i}s_4)\Delta_2$$

$$\Lambda_4 = (r_3 + \mathrm{i}s_3)\Delta_4 - \gamma(r_4 + \mathrm{i}s_4)\Delta_4$$

$$\Lambda_5 = (r_3 + \mathrm{i}s_3)\Delta_5 - \gamma(r_4 + \mathrm{i}s_4)\Delta_5$$

$$\Lambda_6 = (r_4 + \mathrm{i}s_4)\Delta_6$$

$$\Lambda_7 = 1 + (r_2 + \mathrm{i}s_2)(p_2 + \mathrm{i}q_2) + (r_3 + \mathrm{i}s_3)(p_3 + \mathrm{i}q_3 - \Delta_7)$$
$$+ (r_4 + \mathrm{i}s_4)(p_4 + \mathrm{i}q_4 + \gamma\Delta_7)$$

最后，由方程(3-34)可以重构出 B 所满足的方程为

$$\frac{\mathrm{d}B}{\mathrm{d}\tau} = \varepsilon\frac{\partial B}{\partial T_1} + \varepsilon^2\frac{\partial B}{\partial T_2}$$

$$= \left(\varepsilon\frac{\Lambda_2}{\Lambda_1} + \varepsilon^2\frac{\Lambda_1\Lambda_5 + \Lambda_2\Lambda_4}{\Lambda_1\Lambda_7}\right)B + \varepsilon^2\frac{\Lambda_6}{\Lambda_7}B^2\bar{B} \qquad (3-35)$$

在数学上，方程(3-35)被称作规范型[231]，可以帮助分析系统中可能出现

的动力学行为。在接下来的分析中,将基于规范型方程(3-35),继续讨论切入式磨削加工过程中不同的颤振运动。

3.3　由超临界 Hopf 分岔引发磨削颤振

在得到了规范型方程(3-35)以后,接下来就可以通过讨论振幅 $B(T_1, T_2)$ 来研究磨削颤振的产生过程。引入极坐标变换:

$$B(T_1, T_2) = \frac{1}{2}\alpha(T_1, T_2)e^{i\beta(T_1, T_2)} \tag{3-36}$$

将方程(3-36)代入方程(3-35)并分离其实部与虚部,可以得到

$$\frac{d\alpha}{d\tau} = \mathrm{Re}\left(\varepsilon\frac{\Lambda_2}{\Lambda_1} + \varepsilon^2\frac{\Lambda_1\Lambda_5 + \Lambda_2\Lambda_4}{\Lambda_1\Lambda_7}\right)\alpha + \mathrm{Re}\left(\varepsilon^2\frac{\Lambda_6}{\Lambda_7}\right)\alpha^3,$$

$$\alpha\frac{d\beta}{d\tau} = \mathrm{Im}\left(\varepsilon\frac{\Lambda_2}{\Lambda_1} + \varepsilon^2\frac{\Lambda_1\Lambda_5 + \Lambda_2\Lambda_4}{\Lambda_1\Lambda_7}\right)\alpha + \mathrm{Im}\left(\varepsilon^2\frac{\Lambda_6}{\Lambda_7}\right)\alpha^3$$

$$\tag{3-37}$$

其中, $\alpha = \alpha(T_1, T_2)$, $\beta = \beta(T_1, T_2)$,而 $\mathrm{Re}(\cdot)$ 和 $\mathrm{Im}(\cdot)$ 则分别代表 $\cdot$ 的实部和虚部。

由方程(3-24)可知,方程(3-37)中的 α 和 β 分别代表了颤振运动近似解的振幅以及频率修正项。显然,方程(3-37)中的 α 存在两个不同的稳态解使得 $\dfrac{d\alpha}{d\tau} = 0$,它们是分别代表磨削稳定和磨削颤振的

$$\alpha = \alpha_1 = 0 \text{ 和 } \alpha = \alpha_2 = \sqrt{-\frac{\mathrm{Re}\left(\varepsilon\dfrac{\Lambda_2}{\Lambda_1} + \varepsilon^2\dfrac{\Lambda_1\Lambda_5 + \Lambda_2\Lambda_4}{\Lambda_1\Lambda_7}\right)}{\mathrm{Re}\left(\varepsilon^2\dfrac{\Lambda_6}{\Lambda_7}\right)}}$$

$$\tag{3-38}$$

接下来通过讨论 α 的解的稳定性,我们就可以得到颤振运动的稳定性。

简单来说,当 $\mathrm{Re}\left(\varepsilon \dfrac{\Lambda_2}{\Lambda_1} + \varepsilon^2 \dfrac{\Lambda_1\Lambda_5 + \Lambda_2\Lambda_4}{\Lambda_1\Lambda_7}\right) < 0$ 时,解 α_1 稳定,这对应于前一章讨论的稳定磨削过程,此时没有颤振运动产生。而当 $\mathrm{Re}\left(\varepsilon \dfrac{\Lambda_2}{\Lambda_1} + \varepsilon^2 \dfrac{\Lambda_1\Lambda_5 + \Lambda_2\Lambda_4}{\Lambda_1\Lambda_7}\right) > 0$ 时,该磨削过程开始失稳,颤振产生,此时振幅 α 将会逐渐增大。如果再有 $\mathrm{Re}\left(\varepsilon^2 \dfrac{\Lambda_6}{\Lambda_7}\right) < 0$,则 α 将会稳定于 α_2,这就是周期性的颤振的振幅,称这里发生了超临界 Hopf 分岔。

下面就用几个例子来说明这种形式的颤振运动,例如将图 2-7 中的区域 I 和 II 放大并绘制在图 3-1 中。此外,图 3-1 中还标记了箭头 A、B 和 C 以方便后面的分析。

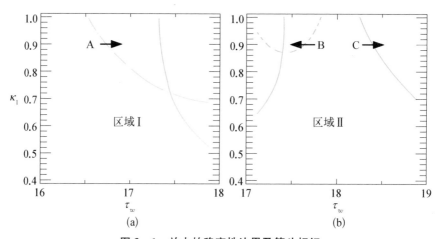

图 3-1 放大的稳定性边界及箭头标记

箭头 A:$\kappa_1 = 0.9$、$\tau_g = 14$、$\tau_{wc} = 16.732$、$\omega = 1.678$,
箭头 B:$\kappa_1 = 0.9$、$\tau_g = 11.6$、$\tau_{wc} = 17.638$、$\omega = 1.0485$,
箭头 C:$\kappa_1 = 0.9$、$\tau_g = 11.6$、$\tau_{wc} = 18.391$、$\omega = 1.531$。

顺着图 3-1 中的各个箭头,对应于方程(3-9)中有 $\varepsilon\kappa_{1\varepsilon} = 0$,系统的参数由稳定区域滑向不稳定区域,而磨削过程也相应地由稳定磨削转变为颤振运动。对应于箭头 A、B 和 C,我们利用方程(3-37)得到的稳定的颤

振运动的解分别为

$$
\boldsymbol{y}(\tau) \approx
\begin{pmatrix}
56.466\sqrt{\tau_w - 16.732}\sin(1.678\tau + 0.576(\tau_w - 16.732)\tau) \\
-25.969\sqrt{\tau_w - 16.732}\sin(-1.678\tau - 0.576(\tau_w - 16.732)\tau + 2.083) \\
59.205\sqrt{\tau_w - 16.732}\sin(1.678\tau + 0.576(\tau_w - 16.732)\tau + 2.621) \\
-27.229\sqrt{\tau_w - 16.732}\sin(-1.678\tau - 0.576(\tau_w - 16.732)\tau + 0.513)
\end{pmatrix}
$$

$$(3-39)$$

$$
\boldsymbol{y}(\tau) \approx
\begin{pmatrix}
5.595\sqrt{17.638 - \tau_w}\sin(1.0485\tau + 0.024(17.638 - \tau_w)\tau) \\
-2.731\sqrt{17.638 - \tau_w}\sin(-1.0485\tau - 0.024(17.638 - \tau_w)\tau + 3.117) \\
8.719\sqrt{17.638 - \tau_w}\sin(-1.0485\tau - 0.024(17.638 - \tau_w)\tau + 1.571) \\
-4.181\sqrt{17.638 - \tau_w}\sin(1.0485\tau + 0.024(17.638 - \tau_w)\tau + 1.547)
\end{pmatrix}
$$

$$(3-40)$$

和

$$
\boldsymbol{y}(\tau) \approx
\begin{pmatrix}
21.624\sqrt{\tau_w - 18.391}\sin(1.531\tau + 0.003(\tau_w - 18.391)\tau) \\
-10.412\sqrt{\tau_w - 18.391}\sin(-1.531\tau - 0.003(\tau_w - 18.391)\tau + 3.12) \\
36.290\sqrt{\tau_w - 18.391}\sin(-1.531\tau - 0.003(\tau_w - 18.391)\tau + 1.571) \\
-17.474\sqrt{\tau_w - 18.391}\sin(-1.531\tau - 0.003(\tau_w - 18.391)\tau + 1.549)
\end{pmatrix}
$$

$$(3-41)$$

　　由于箭头 A、B 和 C 对应于穿过不同的稳定性边界的情况,于是它们触发了不同的颤振模态。再由方程(3-39)、方程(3-40)和方程(3-41)可知,这些不同颤振模态的频率和振幅也大不相同。例如箭头 A 所对应的颤振振幅约为箭头 B 所对应的颤振振幅的十倍。再有一个比较有意思的结果是,方程(3-39)、方程(3-40)和方程(3-41)中的越大振幅颤振对应了越高的振动频率。由于在物理上高的振幅和频率都对应了高的能量，可以知道这些不同的周期性颤振所具有的振动能量也相差很多，因此，磨削加工过程中的参数选择对于降低颤振运动的强度也至关重要。

为了验证前面得到的理论结果，用 XPPAUT[230] 对原方程做了数值积分，并比较了数值和理论的结果，这些结果都被绘制在了图 3-2 中。其中，图 3-2(a)、(b) 和 (c) 对应于箭头 A、B 和 C 的分岔图，反映了颤振振幅 y_{1max} 和参数 τ_w 之间的关系。图 3-2(d)、(e) 和 (f) 是系统中可能产生的颤振时间序列，对应于分岔图中三个不同的点，而图 3-2(g)、(h) 和 (i) 则是与时间序列相对应的相图。从该图中可以看出，理论分析的结果和数值积

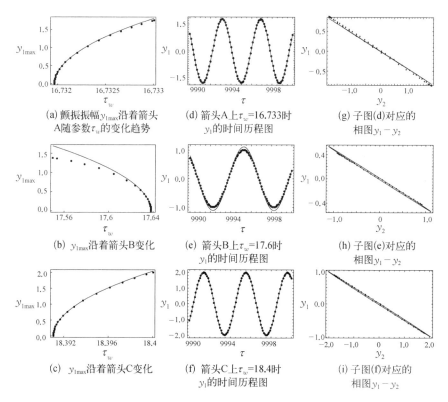

(a) 颤振振幅 y_{1max} 沿着箭头 A 随参数 τ_w 的变化趋势

(d) 箭头 A 上 $\tau_w=16.733$ 时 y_1 的时间历程图

(g) 子图 (d) 对应的 相图 y_1-y_2

(b) y_{1max} 沿着箭头 B 变化

(e) 箭头 B 上 $\tau_w=17.6$ 时 y_1 的时间历程图

(h) 子图 (e) 对应的 相图 y_1-y_2

(c) y_{1max} 沿着箭头 C 变化

(f) 箭头 C 上 $\tau_w=18.4$ 时 y_1 的时间历程图

(i) 子图 (f) 对应的 相图 y_1-y_2

图 3-2　分岔图 (左列)、时间历程图 (中列) 和相图 (右列)，其中实线代表由方程 (3-39)、方程 (3-40) 和方程 (3-41) 所表示的理论结果，而点则代表数值积分的结果

分的结果吻合得非常好。此外,从相图 3 - 2(g)、(h)和(i)还可以看出,在颤振发生的时候砂轮和工件的位移呈现相对运动的趋势,这类似于一种反同步的运动。这一点意味着颤振过程中砂轮和工件的相对位置 $y_1 - y_2$ 变化会比较大,从而磨削深度和切削力的变化幅值也会相对较大。

3.4　亚临界 Hopf 分岔与 Bautin 分岔

前面通过理论和数值的办法,详细讨论了由超临界 Hopf 分岔所诱发的周期性颤振运动。然而,进一步的研究表明,在参数区域中,还同时存在着亚临界的 Hopf 分岔。为了说明这一情况,将图 2 - 7(b)重新绘制在图 3 - 3中,并标记了箭头 D 和 E 来帮助后面的分析。

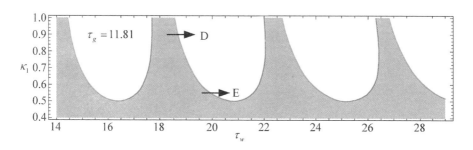

图 3 - 3　稳定性边界

沿着箭头 D 和 E,利用 DDEBIFTOOL[204]对系统的动力学行为作了分岔分析,相应的结果在图 3 - 4 中。图 3 - 4(a)显示了与前一节中相同的超临界 Hopf 分岔的情况,可以看到,该磨削过程的稳定区域和颤振区域被线性分析得到的稳定性边界清晰地分开。因此,对应于超临界 Hopf 分岔的情况,只需要对系统进行第 2 章中的线性分析就足以了解磨削过程的稳定性和颤振运动。然而图 3 - 4(b)又表明该过程中还同时出现了亚临界 Hopf 分岔的情况,此时,在磨削稳定区域和颤振区域之间又出现了一个所谓的条件稳定区域,即该参数区域中的磨削动力学行为还取决于系统的初始状态。在相同的参数情况下,系统可以是稳定也可以是颤振,如图 3 - 4 (d)和(e)所示。

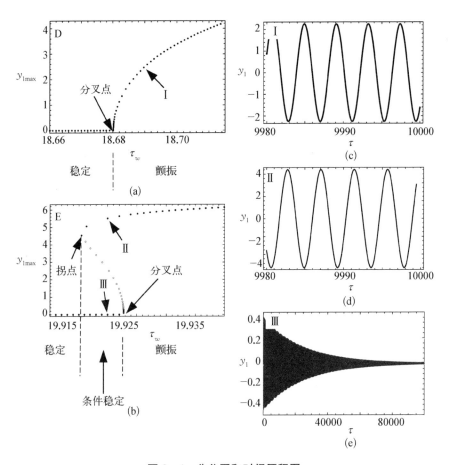

图 3 - 4 分岔图和时间历程图

(a) 参数沿箭头 D 变化时颤振振幅 y_{1max} 的变化规律,

(b) 参数沿箭头 E 变化时颤振振幅 y_{1max} 的变化规律,(c) 对应于参数点 I 时 y_1 的时程图,

(d) 对应于参数点 II 时 y_1 的时程图,(e) 对应于参数点 III 时 y_1 的时程图。

可以看出,图 3 - 4(b)中重要的不仅仅是由线性分析得到的临界参数,还必须考虑在分岔出来的周期运动分支上的拐点,而这两个点之间所夹的区域就是条件稳定区域。此外,在这两个点重合的时候,也就是超临界 Hopf 分岔和亚临界 Hopf 分岔转变的时候,这个点被称作 Bautin 分岔。因此,为了准确地找出条件稳定区域,这里需要进行 Bautin 分岔的分析。

Bautin 分岔点位于 Hopf 分岔曲线上,因此有 $\varepsilon\kappa_{1\varepsilon}=0$ 和 $\varepsilon\tau_{w\varepsilon}=0$,相应地可以得到

$$\Lambda_2=0,\Lambda_4=0 \text{ 和 } \Lambda_5=0 \tag{3-42}$$

此时,方程(3-37)变为

$$\frac{\mathrm{d}\alpha}{\mathrm{d}\tau}=\mathrm{Re}\Big(\varepsilon^2\,\frac{\Lambda_6}{\Lambda_7}\Big)\alpha^3,$$
$$\alpha\,\frac{\mathrm{d}\beta}{\mathrm{d}\tau}=\mathrm{Im}\Big(\varepsilon^2\,\frac{\Lambda_6}{\Lambda_7}\Big)\alpha^3 \tag{3-43}$$

此外,为了满足 Bautin 分岔的条件,方程(3-43)的第一条方程中 α^3 的系数也必须为零,即

$$\mathrm{Re}\Big(\varepsilon^2\,\frac{\Lambda_6}{\Lambda_7}\Big)=0 \tag{3-44}$$

为了找到该 Bautin 分岔点,需要同时求解方程(3-3)、方程(3-4)和方程(3-44),得到的结果记录在表 3-1 中。

表 3-1　Bautin 分岔点

参数	值	参数	值	参数	值
τ_{wc}	19.707	r_4	-0.653	p_3	0
κ_{1c}	0.578	s_2	-0.671	p_4	0.018
ω	1.459	s_3	-0.620	q_2	-0.012
r_2	-1.145	s_4	0.560	q_3	1.459
r_3	0.201	p_2	-0.478	q_4	-0.698

Bautin 分岔点仅仅是条件稳定区域的起点，为了更准确地划分出该区域，继续使用 DDEBIFTOOL，从 Bautin 点出发沿着图 3-3 中的临界曲线去连续地寻找各个周期解分支上的拐点。最后将这些拐点记录下来并连接成曲线，得到了图 3-5 中的分岔图。

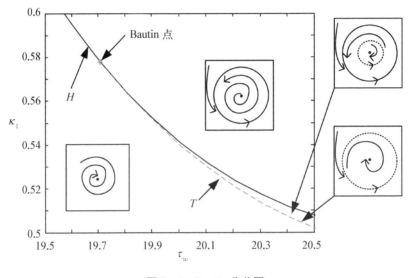

图 3-5　Bautin 分岔图

图 3-5 中的参数区域被两条曲线分割，分别是实线 H 和虚线 T，其中实线 H 是在线性分析中就得到的稳定性边界曲线，而虚线 T 则是由周期解上的拐点构成。如图中所示，曲线 H 和 T 下方的区域属于稳定区域，H 上方的区域是颤振区域，而夹在 H 和 T 之间的区间则是条件稳定区域。如前面所述，条件稳定区域中的动力学行为取决于磨削过程的初始条件，它最终可能是稳定的磨削，亦可能产生再生颤振。

对于实际的加工过程，人们总希望磨削过程能够保持稳定，而不希望颤振产生。所以，由 Bautin 分岔产生的条件稳定区域在实际中是不可用的参数区域，即便是这些区域在之前的线性分析中是稳定的。因此，相比于超临界 Hopf 分岔的情况，条件稳定区域的存在使得在分析磨削动力学的研究中很有必要考虑非线性的因素。

3.5　本章小结

　　本章紧接前一章稳定性分析的内容,着力探讨了切入式外圆磨削过程失去稳定之后可能产生的周期性颤振行为。具体来说,采用多尺度方法,推导得出了该磨削过程临界状态的规范型,而后又基于该规范型方程,详细讨论了由各种分岔过程产生的颤振运动。

　　在该磨削过程中,首先找到了最为常见的超临界 Hopf 分岔。而后又计算了由此分岔所诱发的各个周期性磨削颤振运动,发现磨削颤振中较高频率的模态也对应了较大的振幅,此外,磨削颤振中砂轮和工件的位移有着近似于反同步的关系,这使得颤振时磨削深度的波动幅值会非常大。

　　除了常见的超临界 Hopf 分岔,还找到了亚临界的 Hopf 分岔以及 Bautin 分岔。Bautin 分岔使得颤振具有较大的振幅,且缩小了系统无条件稳定的参数区域。基于此,本章讨论了由 Bautin 分岔所带来的条件稳定问题。最后指出在磨削颤振的分析中,必须要考虑到非线性的因素,而不应该停留在第 2 章线性稳定性的讨论中。

第 4 章

往复式外圆磨削中的颤振

4.1 概　述

前面的章节讨论了切入式外圆磨削中的颤振运动,其特点是砂轮在工件轴向没有移动,因而其动力学方程中代表砂轮位置的参数是一个常量。相比之下,往复式磨削过程中的砂轮会连续不断地沿着工件来回移动,这给磨削动力学方程中引入了一个时变的周期性参数。与切入式外圆磨削颤振相比,砂轮的往复式运动使得磨削过程中的动力学呈现了快慢变的特性。

随着砂轮位置的不断改变,磨削过程的动力学响应会相应的变化,这一特征最早由 Shimizu 在其实验研究中得到[199]。Shimizu 在该实验中发现,磨削颤振的振幅会随着砂轮的移动而改变。具体来说,如果保持其他参数不变,则当砂轮移动到工件的中心位置的时候颤振具有最大的振幅。而当砂轮远离中心向工件两端靠拢时,颤振的振幅会逐渐减小直到消失。此后,Fu[200] 在其研究中还发现了两种形式的磨削颤振,分别是砂轮颤振和工件颤振,在他实验中的颤振形式和功率谱会随着砂轮位置的变化而改变。总而言之,往复式磨削过程中的砂轮位置会实时地改变磨削颤振的动力学特性,包括颤振形式、振幅和频率。

　　针对往复式磨削过程中的颤振问题,也有很多学者采用动力学模型去进行相关的研究,然而大部分的研究内容并未能抓住该过程的特征。例如,Weck[163]等人提出了一个非常有效的数值模拟算法,该算法能够通过模拟磨削过程中的磨削力变化来判断磨削过程的稳定性和颤振的产生。其后,Yuan[167]等人提出了往复式磨削过程的动力学模型,并对其进行数值积分,研究了磨削稳定性。该模型被 Liu 和 Payre[168] 简化成线性模型,他们基于此模型,采用数值特征值分析讨论了磨削稳定性。此后,Chung 和 Liu[169] 基于先前的结果讨论了该模型失稳以后系统中可能产生的周期性颤振。在今年,Kim[232] 等人又基于此非线性模型,讨论了该过程中可能产生的 Bautin 分岔,进一步细分了往复式磨削过程中的磨削颤振动力学行为。然而,这里所提到的所有研究都没有能够考虑往复式磨削过程中的砂轮运动对磨削过程中的整体动力学行为所带来的独特影响。这缺失掉的一环在 Shiau[201] 的研究中有所体现,Shiau 在建立了该过程的数学模型以后,模拟了该过程中随着砂轮位置改变而出现的特殊颤振,并得到了一些和往复式磨削颤振特质相符合的模拟结果。然而该模型却缺失了砂轮和工件表面的再生现象,因而并不能够说明磨削颤振的产生机理。因此,本章将致力于采用磨削动力学模型探讨往复式磨削过程中所产生的特殊再生颤振。

　　为了研究往复式外圆磨削过程中的颤振运动,本章在 4.2 节中给出了描述该动力学过程的数学模型,其中工件被视为一个简支梁而砂轮则是一个质量弹簧振子。工件和砂轮之间的相互作用则用非线性的磨削力模型来描述,此外,代表砂轮位置的参数被考虑成一个时变的量。接下来,4.3 节讨论了该磨削过程的稳定性。具体来说,考虑到砂轮的轴向移动速度非常小,砂轮位置的改变被视为一个准静态的过程,相应的参数也是准静态的。因此,在采用多尺度方法分析该磨削过程的稳定性的过程中,该参数被当作一个常数来处理。通过多尺度分析和数值特征值方法验证,我们找到了各个参数对于磨削稳定性的影响。随后,在 4.4 节中通过分岔分析讨论了等效的静态过程中可能会产生的颤振运动,其中颤振的振幅都通过数值积分和 Poincaré 截面的方法找出。最后,在 4.5 节中将这个准静态的参数还原为动态参数,并通过数值积分的办法讨论了该时变参数对磨削颤振所带来的影响。结果发现动态数值模拟中得到的时程图都被包络于准静态分析中所得到的分岔分支,从而证明了准静态分析的有效性。

4.2　往复式外圆磨削过程

图 4 - 1 描述了一个典型的往复式磨削过程。旋转的工件的两端被简支于两个尾架之上,它的转速为 N_w(r・min^{-1})。为了能够连续不断地磨削工件的整个表面,砂轮自身也作旋转运动,其转速为 N_g(r・min^{-1}),与此同时,砂轮还沿着工件的轴线往复移动,其移动的速度为 v_g(m・s^{-1})。

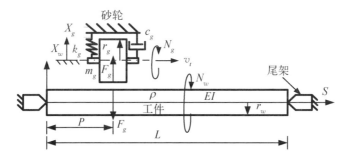

图 4 - 1 往复式磨削加工过程示意图。用旋转的砂轮去磨削被两个尾架简支的旋转工件,且同时让砂轮沿着工件的轴线进给,从而磨削工件整个表面

在该磨削加工过程中,砂轮和工件的位移可能是静态或者动态的。当磨削加工过程稳定且没有颤振产生,它们的相对位置保持稳定,因此最终成型的零件能够获得较好的外形尺寸和表面质量,这样的磨削过程被称为稳定磨削过程。然而,当颤振产生后,砂轮和工件的相对位置会不断地发生变化,其磨削深度也会因此而随时间有所改变,最终使得成型的零件无法获得满意的精度。为了能够在磨削过程中维持磨削稳定性,用下面的模型帮助分析该往复式磨削加工过程的动力学行为。

4.2.1　动力学模型

图 4-1 中的砂轮被视为一个质量弹簧振子,具有质量 m_g(kg)、刚度 k_g(N·m^{-1})、阻尼 c_g(N·s·m^{-1})和半径 r_g(m)。此外,被加工的工件则当作一个两端由尾架简支的 Euler-Bernoulli 梁,它具有质量密度 ρ(kg·m^{-3})、杨氏模量 E(N·m^{-2})、阻尼 C_w(N·s·m^{-1})和半径 r_w(m)。砂轮和工件之间的相互作用则用磨削力 F_g(N·s·m^{-2})的模型来描述,如前面所述,这里的磨削力也受到了再生效应的影响。

基于上面的描述,图 4-1 中的往复式磨削过程的动力学模型应该由下面的控制方程所描述:

$$m_g \frac{\mathrm{d}^2 X_g(t)}{\mathrm{d}t^2} + c_g \frac{\mathrm{d}X_g(t)}{\mathrm{d}t} + k_g X_g(t) = F_g,$$

$$\rho A \frac{\partial^2 X_w(t,S)}{\partial t^2} + C_w \frac{\partial X_w(t,S)}{\partial t} + EI \frac{\partial^4 X_w(t,S)}{\partial S^4} = -\delta(S-P)F_g$$

$$(4-1)$$

式中,$A = \pi r_w^2$,$I = \dfrac{\pi r_w^4}{4}$。考虑到砂轮和工件的接触,公式(2-1)中的 Dirac Delta 函数 $\delta(S-P)$ 代表它们的接触位置。考虑到工件两端被简支

于两个尾架之间,其边界条件应为

$$
\begin{cases}
X_w(t, 0) = 0, \dfrac{\partial^2 X_w}{\partial S^2}(t, 0) = 0, \\[3mm]
X_w(t, L) = 0, \dfrac{\partial^2 X_w}{\partial S^2}(t, L) = 0
\end{cases}
\tag{4-2}
$$

与第 2、3 章不同,暂时不关注工件自身的几何非线性,转而考虑磨削力 F_g 内在的非线性效应。为了更加贴近实际,采用 Werner[170] 所提出的磨削力模型,且附带考虑了工件与砂轮失去接触的情况,此时 F_g 可以写作

$$
F_g = \begin{cases}
WKC^\nu \left(\dfrac{r_w N_w}{r_g N_g}\right)^{2\mu-1} D_{eq}^{1-\mu} D_g^\mu, & \text{如果 } D_g > 0, \\[3mm]
0, & \text{如果 } D_g \leqslant 0
\end{cases}
\tag{4-3}
$$

式中,W(m)为砂轮的宽度;K(N·m^{-2})为砂轮和工件的接触刚度;C 为一个代表砂轮上切削刃分布情况的无量纲参数;D_{eq} 为等效直径,$D_{eq} = 2\dfrac{r_w r_g}{r_w + r_g}$(m);$\nu \in (0, 1)$ 和 $\mu \in (0.5, 1)$ 为两个需要通过实验确定的无量纲参数;D_g(m)代表实时的磨削深度,砂轮和工件接触时该磨削力由第一条方程描述,而它们失去接触($D_g \leqslant 0$)以后则没有磨削力产生。

为了计算由公式(4-3)所描述的磨削力,应该先找出实时的磨削宽度 W 和深度 D_g。

4.2.2 砂轮工件相互作用

在磨削加工开始之前,砂轮向工件方向进给直到达到名义磨削深度 D_n(m)。然而,真实的磨削深度 D_g 除了包含 D_n,还需要考虑由砂轮和工件之间的磨削力 F_g 所引起的让刀现象。因此,该磨削过程中的实时磨削

深度和砂轮与工件的径向相对位置 $\Delta(t, P) = X_w(t, P) - X_g(t)$（m）密切相关。

　　如图 4-2 中所示，往复式磨削过程中砂轮和工件的接触区域被划分为区域 Ⅰ 和 Ⅱ。在区域 Ⅰ 中，已经被磨损的砂轮在磨削还没有被磨削过的工件表面，因此，区域 Ⅰ 中的磨削深度 D_g 与砂轮的磨损和砂轮工件的当前相对位置有关 $\Delta(t, P)$。而在区域 Ⅱ 中，正在被磨削的工件表面是由上一轮磨削再生的表面，因此区域 Ⅱ 中的磨削深度还与工件旋转一个周期之前砂轮与工件的相对位置 $\Delta(t - T_w, P)$ 有关。总结起来，动态磨削深度由下面方程给出：

$$D_{g1} = \Delta(t, P) - g\Delta(t - T_g, P), \qquad\qquad 区域\ Ⅰ,$$
$$D_{g2} = \Delta(t, P) - g\Delta(t - T_g, P) - \Delta(t - T_w, P), \quad 区域\ Ⅱ$$

$$(4-4)$$

式中，T_g（s）和 T_w（s）分别是砂轮和工件的旋转周期。

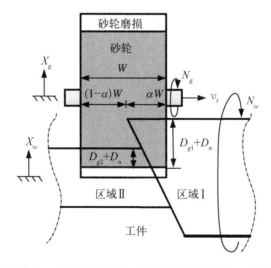

图 4-2　砂轮与工件的相互作用。磨削力同时产生于它们的接触区域 Ⅰ 和区域 Ⅱ 之中，区域 Ⅰ 中的再生效应仅存在于砂轮表面，而区域 Ⅱ 中的再生效应同时存在于砂轮和工件表面

在方程(4-4)中,$\Delta(t-T_w,P)$代表区域Ⅱ中工件表面的再生效应。具体来说,此时被砂轮所切下来的切屑的上表面是工件旋转一个周期之前的切屑下表面。因此,在即时切削深度表达式中必须考虑工件表面再生的影响。相似的,$g\Delta(t-T_g,P)$代表了砂轮表面的磨损(即砂轮的表面再生效应),其中g是一个无量纲的系数,反映了磨削过程中砂轮的损耗速度远远低于工件的磨损速度。一般情况下,g的取值范围为$\left(\dfrac{1}{5\,000},1\right)$,$\dfrac{1}{5\,000}$说明砂轮的硬度很高,不易损耗,而1则代表砂轮很软,其损耗速度和工件一样[233]。

除了磨削深度D_g,在计算磨削力前还需要确定磨削宽度W。观察图4-2,考虑砂轮的转速和轴向移动速度,则区域Ⅰ和Ⅱ中的磨削宽度分别为

$$W=\begin{cases}W_1=\alpha W=v_g\,T_w, & \text{区域 Ⅰ},\\ W_2=(1-\alpha)W=W-v_g\,T_w, & \text{区域 Ⅱ}\end{cases}\tag{4-5}$$

式中,v_g为砂轮的轴向移动速度,$(\text{m}\cdot\text{s}^{-1})$;$\alpha$为一个无量纲的比例系数,$\alpha=\dfrac{v_t\,T_w}{W}$。

同时考虑方程(4-3)、方程(4-4)和方程(4-5),可以得到区域Ⅰ和Ⅱ中的磨削力表达式分别为

$$F_{g1}=\begin{cases}k_c\alpha\,(D_n+D_{g1})^\mu, & \text{如果 } D_n+D_{g1}>0,\\ 0, & \text{如果 } D_n+D_{g1}\leqslant 0\end{cases}\tag{4-6}$$

和

$$F_{g2}=\begin{cases}k_c(1-\alpha)\,(D_n+D_{g2})^\mu, & \text{如果 } D_n+D_{g1}>0,\\ 0, & \text{如果 } D_n+D_{g1}\leqslant 0\end{cases}\tag{4-7}$$

式中，$k_c = WKC^v \left(\dfrac{r_w}{r_g} \dfrac{N_w}{N_g} \right)^{2\mu-1} D_{eq}^{1-\mu}$。总的来说，砂轮和工件直接的磨削力

为 $F_g = F_{g1} + F_{g2}$。

4.2.3 静位移

在说明了系统的控制方程以后，接下来开始分析该磨削过程的动力学特性。首先分析最为简单的情况，即稳定磨削过程。考虑到边界条件，即方程(4-2)，方程(4-1)的解可以展开为

$$X_w(t, S) = \sum_{i=1}^{n} X_i(t) \sin \left(\frac{iS\pi}{L} \right) \tag{4-8}$$

当颤振没有发生时，由方程(4-8)所表示的解与时间 t 无关，此时可将静态的砂轮和工件位移记为 $X_g(t) = X_g^{(0)}$ 和 $X_w(t, S) = X_w^{(0)}(S) = \sum_{i=1}^{n} X_i^{(0)}(S) \sin \left(\frac{iS\pi}{L} \right)$。相对应的，方程(4-1)被简化为

$$k_g X_g^{(0)} = k_c (\alpha (D_n - (1-g)\Delta^{(0)}(P))^\mu + (1-\alpha)(D_n + g\Delta^{(0)}(P))^\mu),$$

$$EI \frac{\partial^4 X_w^{(0)}(S)}{\partial S^4} = -\delta(S-P) k_g X_g^{(0)} \tag{4-9}$$

其中 $\Delta^{(0)}(P) = X_w^{(0)}(P) - X_g^{(0)}$ 是砂轮和工件之间的静态相对位移。

接下来，将方程(4-9)两端乘以 $\sin \left(\dfrac{iS\pi}{L} \right) (i = 1, 2, \cdots, n)$ 并将其从 0 积分到 L，得到

$$X_g^{(0)} = \frac{k_c}{k_g} (\alpha (D_n - (1-g)\Delta^{(0)}(P))^\mu + (1-\alpha)(D_n + g\Delta^{(0)}(P))^\mu),$$

$$\cdots,$$

$$X_i^{(0)} = -\frac{2L^3 k_g}{i^4 \pi^4 EI} \sin \left(\frac{iP\pi}{L} \right) X_g^{(0)},$$

$$\cdots \qquad\qquad\qquad\qquad\qquad\qquad\qquad\qquad\qquad\qquad (4-10)$$

其中 $i=1, 2, \cdots, n$。很容易从方程(4-10)得到

$$\Delta^{(0)}(P) = X_w^{(0)}(P) - X_g^{(0)} = \sum_{i=1}^{n} X_i^{(0)} \sin\left(\frac{iP\pi}{L}\right) - X_g^{(0)}$$

$$= -\left[\frac{k_c}{k_g} + \frac{2L^3 k_c}{\pi^4 EI} \sum_{i=1}^{n} \frac{\sin^2\left(\dfrac{iP\pi}{L}\right)}{i^4}\right]$$

$$\times \left(\alpha\left(D_n - (1-g)\Delta^{(0)}(P)\right)^\mu + (1-\alpha)\left(D_n + g\Delta^{(0)}(P)\right)^\mu\right)$$

$$(4-11)$$

显然,方程(4-11)是静态相对位移 $\Delta^{(0)}(P)$ 的隐函数,可以用数值的办法求解。在利用方程(4-11)求得 $\Delta^{(0)}(P)$ 以后,可以再利用方程(4-10)分别解出 $X_g^{(0)}$ 和 $X_i^{(0)}$ $(i=1, 2, \cdots, n)$。

从物理上来说,这里得到的静态位移反映了稳态磨削过程中砂轮和工件各自的平衡位置,而从数学上来说,静态位移对应了方程(4-1)的平衡点。相对应的,如果平衡点稳定则该稳态磨削过程稳定,而平衡点失稳则意味着磨削过程失稳并诱发颤振。为了进一步分析系统的稳定性和颤振运动,需要将方程(4-1)的平衡点移动到坐标原点,为此引入如下的变量

$$X_g^* = X_g(t) - X_g^{(0)}, X_w^*(t, S) = X_w(t, S) - X_w^{(0)}(S),$$

$$X_i^*(t) = X_i(t) - X_i^{(0)}, \Delta^*(t, P) = \Delta(t, P) - \Delta^{(0)}(P),$$

$$D_{g1}^* = \Delta^*(t, P) - g\Delta^*(t - T_g, P), D_{g2}^* = D_{g1}^* - \Delta^*(t - T_w, P),$$

$$D_{g1}^{(0)} = (1-g)\Delta^{(0)}(P), D_{g2}^{(0)} = -g\Delta^{(0)}(P) \qquad (4-12)$$

其中 $i=1, 2, \cdots, n$。相对应的,方程(4-1)变为

$$m_g \frac{\mathrm{d}^2 X_g^*(t)}{\mathrm{d}t^2} + c_g \frac{\mathrm{d}X_g^*(t)}{\mathrm{d}t} + k_g X_g^*(t) = -k_g X_g^{(0)}$$

$$+k_c(\alpha (D_n+D_{g1}^{(0)}+D_{g1}^*)^\mu+(1-\alpha) (D_n+D_{g2}^{(0)}+D_{g2}^*)^\mu),$$

$$\rho A \frac{\partial^2 X_w^*(t, S)}{\partial t^2}+C_w \frac{\partial X_w^*(t, S)}{\partial t}+EI \frac{\partial^4 X_w^*(t, S)}{\partial S^4}=-EI \frac{\partial^4 X_w^{(0)}(S)}{\partial S^4}$$

$$-\delta(S-P)k_c(\alpha (D_n+D_{g1}^{(0)}+D_{g1}^*)^\mu+(1-\alpha) (D_n+D_{g2}^{(0)}+D_{g2}^*)^\mu)$$

$$(4-13)$$

4.2.4 数学模型

为了后面的分析,方程(4-13)需要被进一步简化,为此引入如下的无量纲参数和变量:

$$\tau=t\sqrt{\frac{k_g}{m_g}}, \quad \tau_w=T_w\sqrt{\frac{k_g}{m_g}}, \quad \tau_g=T_g\sqrt{\frac{k_g}{m_g}}, \quad s=\frac{S}{D_n}, \quad x_g=\frac{X_g^*}{D_n},$$

$$x_w=\frac{X_w^*}{D_n}, \quad d_{g1}=\frac{D_{g1}^*}{D_n}, \quad v_g=\frac{v_g}{D_n}\sqrt{\frac{m_g}{k_g}}, \quad d_{g2}=\frac{D_{g2}^*}{D_n}, \quad d_{g1}^{(0)}=\frac{D_{g1}^{(0)}}{D_n},$$

$$d_{g2}^{(0)}=\frac{D_{g2}^{(0)}}{D_n}, \quad l=\frac{L}{D_n}, \quad p=\frac{P}{d_n}, \quad x_g^{(0)}=\frac{X_g^{(0)}}{D_n}, \quad x_w^{(0)}=\frac{X_w^{(0)}(S)}{D_n},$$

$$\varepsilon\xi_g=\frac{c_g}{k_g}\sqrt{\frac{k_g}{m_g}}, \quad \gamma=\frac{2m_g}{\rho AlD_n}, \quad \varepsilon\xi_w=\frac{C_w}{\rho A}\sqrt{\frac{m_g}{k_g}}, \quad \kappa_w=\frac{m_g EI\pi^4}{k_g\rho AD_n^4 l^4}$$

$$\varepsilon\kappa_c=\frac{k_c}{k_g}D_n^{\mu-1}\left(\frac{\tau_g}{\tau_w}\right)^{2\mu-1} \qquad (4-14)$$

式中,ε 是一个很小的无量纲参数,用来表示系统的阻尼 c_g 和 C_w,以及磨削刚度 k_c 都相对较小。考虑到方程(4-14),方程(4-13)转变为

$$\frac{\mathrm{d}^2 x_g(\tau)}{\mathrm{d}\tau^2}+x_g(\tau)=-x_g^{(0)}-\varepsilon\xi_g\frac{\mathrm{d}x_g(\tau)}{\mathrm{d}\tau}$$

$$+\varepsilon\kappa_c(\alpha (1+d_{g1}^{(0)}+d_{g1})^\mu+(1-\alpha) (1+d_{g2}^{(0)}+d_{g2})^\mu),$$

$$\frac{\partial^2 x_w(\tau, s)}{\partial\tau^2}+\frac{l^4}{\pi^4}\kappa_w\frac{\partial^4 x_w(\tau, s)}{\partial s^4}=-\frac{l^4}{\pi^4}\kappa_w\frac{\partial^4 x_w^{(0)}}{\partial s^4}-\varepsilon\xi_w\frac{\partial x_w(\tau, s)}{\partial\tau}$$

$$-\varepsilon\left(\frac{lD_n}{2}\delta(s-p)\right)\gamma\kappa_c(\alpha(1+d_{g1}^{(0)}+d_{g1})^\mu+(1-\alpha)(1+d_{g2}^{(0)}+d_{g2})^\mu)$$

$$(4-15)$$

与此同时,边界条件,方程(4-2)变为

$$x_w(t,0)=\frac{\partial^2 x_w(t,0)}{\partial s^2}=0,\quad x_w(t,l)=\frac{\partial^2 x_w(t,l)}{\partial s^2}=0$$

$$(4-16)$$

接下来,再次利用 Galerkin 截断将方程(4-15)展开为

$$\frac{\mathrm{d}^2 x_g(\tau)}{\mathrm{d}\tau^2}+x_g(\tau)=-x_g^{(0)}-\varepsilon\xi_g\frac{\mathrm{d}x_g(\tau)}{\mathrm{d}\tau}$$

$$+\varepsilon\kappa_c\alpha\Big(1+d_{g1}^{(0)}+x_g(\tau)-\sum_{i=1}^n x_i(\tau)\sin\Big(\frac{ip\pi}{l}\Big)-gx_g(\tau-\tau_g)$$

$$+g\sum_{i=1}^n x_i(\tau-\tau_g)\sin\Big(\frac{ip\pi}{l}\Big)\Big)^\mu+\varepsilon\kappa_c(1-\alpha)\Big(1+d_{g2}^{(0)}+x_g(\tau)$$

$$-\sum_{i=1}^n x_i(\tau)\sin\Big(\frac{ip\pi}{l}\Big)-gx_g(\tau-\tau_g)+g\sum_{i=1}^n x_i(\tau-\tau_g)\sin\Big(\frac{ip\pi}{l}\Big)$$

$$-x_g(\tau-\tau_w)+\sum_{i=1}^n x_i(\tau-\tau_w)\sin\Big(\frac{ip\pi}{l}\Big)\Big)^\mu,$$

$$\cdots,$$

$$\frac{\mathrm{d}^2 x_i(\tau)}{\mathrm{d}\tau^2}+i^4\kappa_w x_g(\tau)=-\kappa_w x_w^{(0)}-\varepsilon\xi_w\frac{\mathrm{d}x_i(\tau)}{\mathrm{d}\tau}$$

$$-\gamma\sin\Big(\frac{ip\pi}{l}\Big)\varepsilon\kappa_c\alpha\Big(1+d_{g1}^{(0)}+x_g(\tau)-\sum_{i=1}^n x_i(\tau)\sin\Big(\frac{ip\pi}{l}\Big)$$

$$-gx_g(\tau-\tau_g)+g\sum_{i=1}^n x_i(\tau-\tau_g)\sin\Big(\frac{ip\pi}{l}\Big)\Big)^\mu-\gamma\sin\Big(\frac{ip\pi}{l}\Big)\varepsilon\kappa_c(1-\alpha)$$

$$\times\Big(1+d_{g2}^{(0)}+x_g(\tau)-\sum_{i=1}^n x_i(\tau)\sin\Big(\frac{ip\pi}{l}\Big)-gx_g(\tau-\tau_g)$$

$$+g\sum_{i=1}^{n}x_i(\tau-\tau_g)\sin\left(\frac{ip\pi}{l}\right)-x_g(\tau-\tau_w)+\sum_{i=1}^{n}x_i(\tau-\tau_w)\sin\left(\frac{ip\pi}{l}\right)\right)^{\mu}$$

$$\cdots,\tag{4-17}$$

其中 $i=1, 2, \cdots, n$。在方程(4-17)中，$x_i(\tau)$ $(i=1, 2, \cdots, n)$代表工件的各阶无量纲模态，后面关于磨削稳定性和磨削颤振的分析也基于此方程。

4.3　磨削稳定性

在分析磨削颤振之前，需要确认该磨削过程的稳定性，即方程(4-17)的平衡点稳定性。为此，方程(4-17)在其平衡点附近被线性化为

$$\frac{\mathrm{d}^2x_g(\tau)}{\mathrm{d}\tau^2}+x_g(\tau)=-\varepsilon\xi_g\frac{\mathrm{d}x_g(\tau)}{\mathrm{d}\tau}+\varepsilon\kappa_{c1}\left(x_g(\tau)-\sum_{i=1}^{n}x_i(\tau)\sin\left(\frac{ip\pi}{l}\right)\right.$$

$$-gx_g(\tau-\tau_g)+g\sum_{i=1}^{n}x_i(\tau-\tau_g)\sin\left(\frac{ip\pi}{l}\right)\right)$$

$$+\varepsilon\kappa_{c2}\left(x_g(\tau-\tau_w)-\sum_{i=1}^{n}x_i(\tau-\tau_w)\sin\left(\frac{ip\pi}{l}\right)\right),$$

$$\cdots,$$

$$\frac{\mathrm{d}^2x_i(\tau)}{\mathrm{d}\tau^2}+i^4\kappa_w x_g(\tau)=-\varepsilon\xi_w\frac{\mathrm{d}x_i(\tau)}{\mathrm{d}\tau}-\varepsilon\gamma\kappa_{c1}\sin\left(\frac{ip\pi}{l}\right)\left(x_g(\tau)\right.$$

$$-\sum_{i=1}^{n}x_i(\tau)\sin\left(\frac{ip\pi}{l}\right)-gx_g(\tau-\tau_g)+g\sum_{i=1}^{n}x_i(\tau-\tau_g)\sin\left(\frac{ip\pi}{l}\right)\right)$$

$$-\varepsilon\gamma\kappa_{c2}\sin\left(\frac{ip\pi}{l}\right)\left(x_g(\tau-\tau_w)-\sum_{i=1}^{n}x_i(\tau-\tau_w)\sin\left(\frac{ip\pi}{l}\right)\right),$$

$$\cdots,\tag{4-18}$$

其中

$$\kappa_{c1} = \kappa_c \mu ((1-\alpha) (1+d_{g1}^{(0)})^{\mu-1} + \alpha (1+d_{g2}^{(0)})^{\mu-1}),$$
$$\kappa_{c2} = -\kappa_c \mu \alpha (1+d_{g2}^{(0)})^{\mu-1} \tag{4-19}$$

有了展开的线性方程(4-18),下面就可以采用理论或者数值的方法分析该磨削过程的线性稳定性。具体说来,4.3.1 节采用了多尺度方法确定了系统的稳定性边界,并在 4.3.2 节中采用第 2 章中的数值特征值分析和延拓算法对该理论结果进行了验证。

4.3.1 摄动分析

为了理论地分析磨削稳定性,这里采用多尺度方法。与前一章一样,该方法引入多重时间尺度 $T_0 = \tau$ 和 $T_1 = \varepsilon\tau$,并且将方程(4-18)的解展开为

$$x_i(\tau) = x_i(T_0, T_1) = x_{i0}(T_0, T_1) + \varepsilon x_{i1}(T_0, T_1) \tag{4-20}$$

其中 i 代表 $g, 1, 2, \cdots, n$。相对应的,关于时间的导数和时滞项展开为

$$\frac{\mathrm{d}x_i(\tau)}{\mathrm{d}\tau} = \frac{\partial x_{i0}(T_0, T_1)}{\partial T_0} + \varepsilon \frac{\partial x_{i0}(T_0, T_1)}{\partial T_1}$$
$$+ \varepsilon \frac{\partial x_{i1}(T_0, T_1)}{\partial T_0} + O(\varepsilon^2),$$

$$\frac{\mathrm{d}^2 x_i(\tau)}{\mathrm{d}^2\tau} = \frac{\partial^2 x_{i0}(T_0, T_1)}{\partial T_0^2} + \varepsilon 2 \frac{\partial^2 x_{i0}(T_0, T_1)}{\partial T_0 \partial T_1}$$
$$+ \varepsilon \frac{\partial^2 x_{i1}(T_0, T_1)}{\partial T_0^2} + O(\varepsilon^2),$$

$$x_i(\tau - \tau_j) = x_{i0}(T_0 - \tau_j, T_1 - \varepsilon\tau_j) + \varepsilon x_{i1}(T_0 - \tau_j, T_1 - \varepsilon\tau_j)$$
$$= x_{i0}(T_0 - \tau_j, T_1) - \varepsilon \frac{\partial x_{i0}(T_0 - \tau_j, T_1)}{\partial T_1} \tau_j$$
$$+ \varepsilon x_{i1}(T_0 - \tau_j, T_1) + O(\varepsilon^2)$$

$$\tag{4-21}$$

其中 i 代表 g, 1, 2, $\cdots$, n, 而 j 代表 g, w。接下来,将方程(4-21)代入方程(4-18)并分别收集其中 ε^0 和 ε^1 前面的系数,得到

$$\frac{\partial^2 x_{g0}(T_0, T_1)}{\partial T_0^2} + x_{g0}(T_0, T_1) = 0,$$

$$\cdots,$$

$$\frac{\partial^2 x_{i0}(T_0, T_1)}{\partial T_0^2} + i^4 \kappa_w x_{i0}(T_0, T_1) = 0,$$

$$\cdots \tag{4-22}$$

和

$$\frac{\partial^2 x_{g1}(T_0, T_1)}{\partial T_0^2} + x_{g1}(T_0, T_1) = -\xi_g \frac{\partial x_{g0}(T_0, T_1)}{\partial T_0} - 2\frac{\partial^2 x_{g0}(T_0, T_1)}{\partial T_0 \partial T_1}$$

$$+ \kappa_{c1}\left(x_{g0}(T_0, T_1) - \sum_{i=1}^{n} x_{i0}(T_0, T_1)\sin\left(\frac{ip\pi}{l}\right)\right.$$

$$- gx_{g0}(T_0 - \tau_g, T_1) + g\sum_{i=1}^{n} x_{i0}(T_0 - \tau_g, T_1)\sin\left(\frac{ip\pi}{l}\right)\right)$$

$$+ \kappa_{c2}\left(x_{g0}(T_0 - \tau_w, T_1) - \sum_{i=1}^{n} x_{i0}(T_0 - \tau_w, T_1)\sin\left(\frac{ip\pi}{l}\right)\right),$$

$$\cdots,$$

$$\frac{\partial^2 x_{i1}(T_0, T_1)}{\partial T_0^2} + i^4 \kappa_w x_{i1}(T_0, T_1) = -\xi_w \frac{\partial x_{i0}(T_0, T_1)}{\partial T_0} - 2\frac{\partial^2 x_{i0}(T_0, T_1)}{\partial T_0 \partial T_1}$$

$$- \gamma \kappa_{c1}\sin\left(\frac{ip\pi}{l}\right)\left(x_{g0}(T_0, T_1) - \sum_{i=1}^{n} x_{i0}(T_0, T_1)\sin\left(\frac{ip\pi}{l}\right)\right.$$

$$- gx_{g0}(T_0 - \tau_g, T_1) + g\sum_{i=1}^{n} x_{i0}(T_0 - \tau_g, T_1)\sin\left(\frac{ip\pi}{l}\right)\right)$$

$$- \gamma \kappa_{c2}\sin\left(\frac{ip\pi}{l}\right)\left(x_{g0}(T_0 - \tau_w, T_1) - \sum_{i=1}^{n} x_{i0}(T_0 - \tau_w, T_1)\sin\left(\frac{ip\pi}{l}\right)\right),$$

$$\cdots \tag{4-23}$$

其中 i 代表 g，1，2，$\cdots$，n。

显然，方程(4-22)的解可以写成如下形式

$$x_{g0}(T_0, T_1) = A_g(T_1)\mathrm{e}^{\mathrm{i}\omega T_0} + \mathrm{c.c.},$$

$$\cdots,$$

$$x_{gi}(T_0, T_1) = A_i(T_1)\mathrm{e}^{\mathrm{i}\omega T_0} + \mathrm{c.c.},$$

$$\cdots \tag{4-24}$$

其中 $\omega_g = 1$，$\omega_i = i^2\sqrt{\kappa_w}$ $(i = 1, 2, \cdots, n)$，c.c. 代表其前面所有项的复共轭。将方程(4-24)代入方程(4-23)得到

$$\frac{\partial^2 x_{g1}(T_0, T_1)}{\partial T_0^2} + \omega_g^2 x_{g1}(T_0, T_1) = \left(-\xi_g A_g(T_1) - 2\frac{\mathrm{d}A_g(T_1)}{\mathrm{d}T_1}\right)\mathrm{i}\omega_g \mathrm{e}^{\mathrm{i}\omega_g T_0}$$

$$+ \kappa_{c1}\left(A_g(T_1)\mathrm{e}^{\mathrm{i}\omega_g T_0} - \sum_{i=1}^n A_i(T_1)\mathrm{e}^{\mathrm{i}\omega_i T_0}\sin\left(\frac{ip\pi}{l}\right)\right.$$

$$- gA_g(T_1)\mathrm{e}^{\mathrm{i}\omega_g(T_0-\tau_g)} + g\sum_{i=1}^n A_i(T_1)\mathrm{e}^{\mathrm{i}\omega_i(T_0-\tau_g)}\sin\left(\frac{ip\pi}{l}\right)\right)$$

$$+ \kappa_{c2}\left(A_g(T_1)\mathrm{e}^{\mathrm{i}\omega_g(T_0-\tau_w)} - \sum_{i=1}^n A_i(T_1)\mathrm{e}^{\mathrm{i}\omega_i(T_0-\tau_w)}\sin\left(\frac{ip\pi}{l}\right)\right) + \mathrm{c.c.},$$

$$\cdots,$$

$$\frac{\partial^2 x_{i1}(T_0, T_1)}{\partial T_0^2} + i^4\kappa_w x_{i1}(T_0, T_1) = \left(-\xi_w A_i(T_1) - 2\frac{\mathrm{d}A_i(T_1)}{\mathrm{d}T_1}\right)\mathrm{i}\omega_i \mathrm{e}^{\mathrm{i}\omega_i T_0}$$

$$- \gamma\kappa_{c1}\sin\left(\frac{ip\pi}{l}\right)A_g(T_1)\mathrm{e}^{\mathrm{i}\omega_g T_0} - \sum_{i=1}^n A_i(T_1)\mathrm{e}^{\mathrm{i}\omega_i T_0}\sin\left(\frac{ip\pi}{l}\right)$$

$$- gA_g(T_1)\mathrm{e}^{\mathrm{i}\omega_g(T_0-\tau_g)} + g\sum_{i=1}^n A_i(T_1)\mathrm{e}^{\mathrm{i}\omega_i(T_0-\tau_g)}\sin\left(\frac{ip\pi}{l}\right)\right) - \gamma\kappa_{c2}\sin\left(\frac{ip\pi}{l}\right)$$

$$\times\left(A_g(T_1)\mathrm{e}^{\mathrm{i}\omega_g(T_0-\tau_w)} - \sum_{i=1}^n A_i(T_1)\mathrm{e}^{\mathrm{i}\omega_i(T_0-\tau_w)}\sin\left(\frac{ip\pi}{l}\right)\right) + \mathrm{c.c.},$$

$$\cdots \tag{4-25}$$

其中 i 代表 g，1，2，$\cdots$，n。

根据 Nayfeh[130, 206] 的方法，方程(4-25)的解存在的充分必要条件是其右端的所有共振项全部被消除，而这里所谓的共振项即是所有与 $e^{i\omega_i T_0}$（i 代表 g，1，2，$\cdots$，n）成正比的项。因此，为了消除所有的共振项，$A_i(T_1)$（i 代表 g，1，2，$\cdots$，n）应该满足

$$i\omega_g\left(-\xi_g A_g(T_1)-2\frac{dA_g(T_1)}{dT_1}\right)+\kappa_{c2}A_g(T_1)e^{-i\omega_g\tau_w}$$
$$+\kappa_{c1}(A_g(T_1)-gA_g(T_1)e^{-i\omega_g\tau_g})=0,$$
$$\cdots,$$
$$i\omega_i\left(-\xi_w A_i(T_1)-2\frac{dA_i(T_1)}{dT_1}\right)-\gamma\kappa_{c2}\sin^2\left(\frac{ip\pi}{l}\right)A_i(T_1)e^{-i\omega_i\tau_w}$$
$$-\gamma\kappa_{c1}\sin^2\left(\frac{ip\pi}{l}\right)(A_i(T_1)-gA_i(T_1)e^{-i\omega_i\tau_g})=0,$$
$$\cdots \tag{4-26}$$

其中 i 代表 1，2，$\cdots$，n。将方程(4-26)重新排列可以写作

$$\frac{dA_g(T_1)}{dT_1}=\frac{-i\omega_g\xi_g+\kappa_{c1}-\kappa_{c1}ge^{-i\omega_g\tau_g}+\kappa_{c2}e^{-i\omega_g\tau_w}}{2i\omega_g}A_g(T_1),$$
$$\cdots,$$
$$\frac{dA_i(T_1)}{dT_1}=\frac{-i\omega_i\xi_w-\gamma\sin^2\left(\frac{ip\pi}{l}\right)(\kappa_{c1}-\kappa_{c1}ge^{-i\omega_i\tau_g}+\kappa_{c2}e^{-i\omega_i\tau_w})}{2i\omega_i}A_i(T_1),$$
$$\cdots \tag{4-27}$$

其中 i 代表 1，2，$\cdots$，n。

接下来，为了将复振幅 $A_i(T_1)$（i 代表 g，1，2，$\cdots$，n）展开，引入如下极坐标变换：

$$A_i(T_1)=\frac{1}{2}\alpha_i(T_1)e^{i\beta_i(T_1)}+\text{c.c.}, \tag{4-28}$$

其中 i 代表 $1, 2, \cdots, n$。将方程(4-28)代入方程(4-27)并分离其实部和虚部,分别得到

$$\frac{\mathrm{d}\alpha_g(T_1)}{\mathrm{d}T_1} = \frac{-\omega_g\xi_g - \kappa_{c1}g\sin(\omega_g\tau_g) + \kappa_{c2}\sin(\omega_g\tau_w)}{2\omega_g}\alpha_g(T_1),$$

$$\cdots,$$

$$\frac{\mathrm{d}\alpha_i(T_1)}{\mathrm{d}T_1} = \frac{-\omega_i\xi_w + \gamma\sin^2\left(\dfrac{ip\pi}{l}\right)(\kappa_{c1}g\sin(\omega_i\tau_g) - \kappa_{c2}\sin(\omega_i\tau_w))}{2\omega_i}\alpha_i(T_1),$$

$$\cdots \tag{4-29}$$

和

$$\frac{\mathrm{d}\beta_g(T_1)}{\mathrm{d}T_1} = \frac{-\kappa_{c1} - \kappa_{c1}g\cos(\omega_g\tau_g) + \kappa_{c2}\cos(\omega_g\tau_w)}{2\omega_g},$$

$$\cdots,$$

$$\frac{\mathrm{d}\beta_i(T_1)}{\mathrm{d}T_1} = \gamma\sin^2\left(\frac{ip\pi}{l}\right)\frac{-\kappa_{c1} + \kappa_{c1}g\cos(\omega_i\tau_g) - \kappa_{c2}\cos(\omega_i\tau_w)}{2\omega_i},$$

$$\cdots \tag{4-30}$$

其中 i 代表 $1, 2, \cdots, n$。在方程(4-29)中,$\alpha_g(T_1)$ 代表砂轮的振幅而 $\alpha_i(T_1)$ $(i=1, 2, \cdots, n)$ 代表工件的各阶模态的振幅。

从方程(4-29)中,很容易找出该磨削过程的稳定性条件。例如,砂轮稳定的条件是方程(4-29)的第一个方程中 $\alpha_g(T_1)$ 前面的系数为负。同样,工件的第 i 阶模态稳定的条件是方程(4-29)中对应的 $\alpha_i(T_1)$ 前面的系数分别为负。简单来说,整个磨削过程保持稳定的条件为

$$-\omega_g\xi_g - \kappa_{c1}g\sin(\omega_g\tau_g) + \kappa_{c2}\sin(\omega_g\tau_w) < 0,$$

$$\cdots,$$

$$-\omega_i \xi_w + \gamma \sin^2\left(\frac{ip\pi}{l}\right)(\kappa_{c1}g\sin(\omega_i\tau_g) - \kappa_{c2}\sin(\omega_i\tau_w)) < 0,$$

$$\cdots \tag{4-31}$$

其中 $i = 1, 2, \cdots, n$。

显然，由于 $\omega_i = i^2\sqrt{\kappa_w}$ $(i = 1, 2, \cdots, n)$，方程(4-31)的左端应满足

$$-\omega_i\xi_w + \gamma\sin^2\left(\frac{ip\pi}{l}\right)(\kappa_{c1}g\sin(\omega_i\tau_g) - \kappa_{c2}\sin(\omega_i\tau_w)) \tag{4-32}$$

$$\leqslant \gamma(|\kappa_{c1}g| + |\kappa_{c2}|) - i^2\sqrt{\kappa_w}\xi_w$$

从方程(4-32)可以看出，工件高阶模态 $\left[i > \sqrt{\dfrac{\gamma(|\kappa_{c1}g| + |\kappa_{c2}|)}{\sqrt{\kappa_w}\xi_w}}\right]$ 的稳定性条件不会被破坏，即再生力仅会诱发工件低阶模态的颤振。此外，随着磨削刚度的增大，更多工件模态的振动会被激发。例如，当 $|\kappa_{c1}g| + |\kappa_{c2}| < \dfrac{\sqrt{\kappa_w}\xi_w}{\gamma}$，工件的振动不会被激发，而当 $\dfrac{n^2\sqrt{\kappa_w}\xi_w}{\gamma} < |\kappa_{c1}g| + |\kappa_{c2}| < \dfrac{(n+1)^2\sqrt{\kappa_w}\xi_w}{\gamma}$ 时，工件前 n 阶模态的振动都有可能被激发。与这个结论相关的实验结果在 Fu[200] 的论文中有所体现。在他的研究中，磨削颤振仅仅包含了工件的最低三阶模态的振动。

4.3.2　数值特征值分析

如前面所分析的，仅有工件的低阶模态的振动会被磨削力激发，因此，本书接下来的内容会侧重研究这之中最为危险的一项，即工件的第一阶模态。根据方程(4-32)，我们事先假设 $\dfrac{1^2\sqrt{\kappa_w}\xi_w}{\gamma} < |\kappa_{c1}g| + |\kappa_{c2}| < \dfrac{2^2\sqrt{\kappa_w}\xi_w}{\gamma}$。与之相应，方程(4-17)和方程(4-18)中仅考虑 $n = 1$ 的情况。

作为一个算例,如下选取原方程中的物理参数:

$$m_g = 20 \ (\text{kg}), c_g = 200 \ (\text{N} \cdot \text{s} \cdot \text{m}^{-1}), k_g = 6.4 \times 10^8 (\text{N} \cdot \text{m}^{-1}),$$

$$\rho = 7\,850 \ (\text{kg} \cdot \text{m}^{-3}), c_w = 800 \ (\text{N} \cdot \text{s} \cdot \text{m}^{-2}), E = 2.06 \times 10^{11} (\text{N} \cdot \text{m}^{-2}),$$

$$r_w = 0.05 \ (\text{m}), L = 0.5 \ (\text{m}), D_n = 10^{-5} \ (\text{m}), r_g = 0.25 \ (\text{m}),$$

$$v_t = 10^{-3} (\text{m} \cdot \text{s}^{-1}), W = 0.04 \ (\text{m}), KC^\nu = 4.1 \times 10^6 (\text{N} \cdot \text{m}^{-2}),$$

$$N_g = 5\,000 \ (\text{r} \cdot \text{min}^{-1}), g = 0.002, \mu = 0.7 \qquad (4-33)$$

与之相应,可以得到

$$A = \pi r_w^2 = 7.85 \times 10^{-3} (\text{m}^2), I = \frac{\pi r_g^4}{4} = 4.91 \times 10^{-6} (\text{m}^4),$$

$$D_{eq} = 2 \frac{r_w r_g}{r_w + r_g} = \frac{1}{12} \ (\text{m}) \qquad (4-34)$$

接下来通过方程(4-14)计算系统的无量纲参数可以得到

$$\kappa_w = 0.798\,8, \gamma = 1.297\,6, \quad \tau_g = 67.882\,3, \quad \alpha = 4.419\,4 \times 10^{-6} \tau_w,$$

$$\varepsilon \xi_g = 0.001\,8, \quad \varepsilon \xi_w = 0.002\,3, \quad \varepsilon \kappa_c = \frac{0.020\,8}{\tau_w^{0.4}} \qquad (4-35)$$

在有了具体的参数值以后,可利用方程(4-31)在图4-3中绘制出了系统的稳定性边界(实线)。此外,为了验证该结果的正确性,同时采用第2章中的延拓算法得到了数值的结果,并将其一同绘制在了图4-3中(点)。可以看到,理论分析与数值计算的结果拟合得非常好,这也就证实了本书的理论分析的正确性。

图4-3反映了砂轮的位置p和时滞τ_w对磨削稳定性的影响。当参数落在稳定区域中(灰色)时,该磨削过程平稳,而当参数落在颤振区域(白色)中时,磨削过程失稳且产生磨削颤振。此外,图4-3中还标出两种不同的颤振区域,分别是砂轮颤振和工件颤振区域。在砂轮颤振区域中,方程(4-31)的第一个稳定性条件被破坏,对应于砂轮失稳且开始振动。而在工

件颤振区域中,方程(4-31)的第二个稳定性条件被破坏,意味着工件第一阶模态的振动被激发。

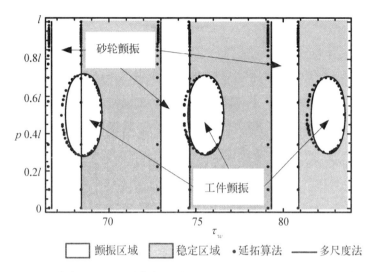

图4-3　参数平面上分离颤振区域和稳定区域的稳定性边界。该磨削
　　　　过程在稳定区域中(灰色)是稳定磨削过程,而在颤振区域中
　　　　(白色)不稳定且会产生颤振。图中的实线由多尺度算法得到,
　　　　而点则由延拓算法得出

更进一步的,从图4-3中还可以看出,砂轮的稳定性与工件的位置 p 几乎没有任何关系,但工件的稳定性却与 p 的取值密不可分。当砂轮靠近工件中心时 $\left(p \approx \dfrac{l}{2}\right)$,图4-3中的稳定性区域最小,也就对应了该磨削过程的稳定性最差。

针对以上结果,必须要指出的是图4-3和图2-5中的时滞 τ_w 的取值范围有很大的不同。图2-5中的 τ_w 取值仅限于 10^1 量级,而图4-3中的 τ_w 则取到了 10^2 量级。实际上这样的区别在实际加工过程中也是完全有可能会遇到的,由于 τ_w 体现的是工件的主轴转速,根据加工对象和目标精度的不同,其取值会有较大范围的改变,例如型号为 M1332B 的外圆磨床的工件主轴转速可以在 27 r/min 到 313 r/min 的范围内进行调节。此外,考虑到第 4 章中砂轮刚度 k_g 的取值和第 2、3 章中有很大的差距,由此无量纲的时滞 τ_w 也会相差较多。由此二者可知,图 4-3 和图 2-5 中的时滞 τ_w 的取值均在合理的范围以内。

4.4 不同类型的颤振

如上面所讨论的,该磨削过程在图 4-3 中的灰色区域是稳定的,而在白色区域中是不稳定的。在白色区域中,颤振产生,对应的磨削深度($d_1 = 1+d_{g1}^{(0)}+d_{g1}$ 和 $d_2 = 1+d_{g2}^{(0)}+d_{g2}$)则会围绕静态磨削深度($1+d_{g1}^{(0)}$ 和 $1+d_{g2}^{(0)}$)作周期性的振动。因此,可以选取 d_2(也可以是 d_1)帮助观察磨削颤振运动。

由于砂轮的轴向移动速度 v_g 很小,砂轮的位移 p 可以被视为一个准静态的参数。为了研究砂轮移动对往复式磨削过程中颤振运动带来的影响,下面采取一系列的方法逐步找出磨削深度的运动规律。首先,对于确定的 p,通过数值积分的方法去寻找颤振振幅与 p 之间的关系,从而得到了分岔图。此后,利用此分岔图,在磨削过程中追踪 p 的变化,从而寻找出磨削深度关于时间的变化规律,即得到了往复式磨削过程的颤振运动规律。

4.4.1 分岔分析

为了分析磨削颤振运动,对方程(4-17)进行了数值积分,并针对每一个 p 的值记录了其对应的最大切削深度($d_{max} = \max(d_2)$),且最终得到了分岔图。考虑如图 4-3 所示的磨削稳定性区域,我们分别构造了两幅不同的分岔图。其一对应于比较简单的情况($\tau_w \in (79,84)$),此时的砂轮和工件颤振区域是分离的,因此砂轮和工件颤振的情况可以分开讨论。然而,对应于比较复杂的情况（$\tau_w \in (66,70)$）两类颤振区域则相互叠加，因而此区域中的两种不同形式的颤振需要同时讨论。

首先，将简单情况的分岔图画在图 4-4 中。在稳定区域中，d_{max} 停留在静态磨削深度上，因此这些区域中的磨削过程都能够保持稳定。然而在颤振区域，两个不同的曲面出现。具体来说，在砂轮颤振区域里出现了一个横跨 $p=0$ 到 $p=1$ 的曲面，意味着砂轮颤振几乎不会受到砂轮位置 p 的影响。相对而言，一个圆锥形的曲面出现在了工件颤振区域上方，对应的情况为工件的颤振极大程度受到了砂轮位置的影响。可以看出当砂轮移动到工件中心附近 $p \approx \dfrac{l}{2}$，工件颤振具有最大的振幅，而当砂轮离开工件中心向其两端移动之后，工件颤振振幅会逐渐减小直到突然消失。

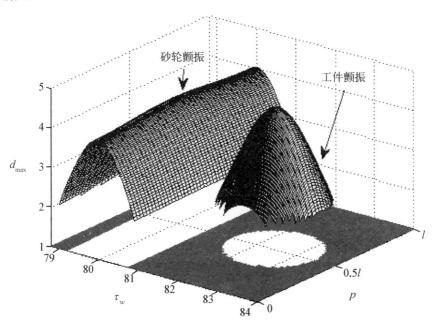

图 4-4　在参数平面 $\tau_w - p$ 上最大切削深度 d_{max} 的取值，该区域中（$\tau_w \in (79, 84)$）的砂轮和工件颤振区间是分开的

与图 4-4 相比,图 4-5 反映了一种更为复杂的情况。由砂轮颤振振幅和工件颤振振幅形成的曲面在参数平面 $\tau_w - p$ 上出现了叠加。而在该叠加区域中,两种不同类型的颤振还会同时出现,至于实际加工中会出现什么样的情况则取决于系统的初始状态。

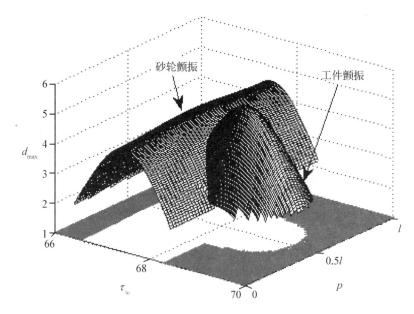

图 4-5 在参数平面 $\tau_w - p$ 上最大切削深度 d_{max} 的取值。该区域中($\tau_w \in (66, 70)$)的砂轮和工件颤振区间具有相互叠加的区域

有了图 4-4 和图 4-5,就可能依照这两个分岔图,在时间轴上追踪 p 的值,从而构造出整个往复式磨削加工过程中颤振的运动形式。

4.4.2 典型的颤振

在往复式磨削加工过程中,砂轮始终沿着工件轴向作往复运动,其位置 p 也随着时间在 0 和 l 之间来回变换。如图 4-6 所示,砂轮以很慢的速度 v_g 从工件的一段($p = 0$)移向另一端($p = l$)。在到达后折返回来,并以相同的速度回到出发点,而后重复该过程,直到磨削结束。

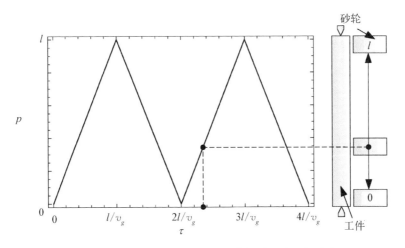

图 4 - 6　砂轮的位置 p 在往复式磨削过程中不断改变

由于砂轮的移动速度 v_g 非常小,砂轮的位置 p 被视为准静态的参数。因此,可以预见该磨削过程中切削深度的时间历程图会一直黏附于前面得到的分岔图。为了证明这一结论,选取了几个比较典型的情况以方便进一步的数值分析。这些情况为

情况 Ⅰ:$\tau_w = 84$,　　情况 Ⅱ:$\tau_w = 80$,　　情况 Ⅲ:$\tau_w = 80.8$,

情况 Ⅳ:$\tau_w = 82.6$,　　情况 Ⅴ:$\tau_w = 68$,　　情况 Ⅵ:$\tau_w = 68.34$。

对应不同的情况,将其分岔图绘制在了图 4 - 7 中。图 4 - 7(a)反映了该磨削过程始终保持稳定,不论砂轮移动到何处。与之相反,图 4 - 7(b)中的磨削过程始终保持工件颤振。在图 4 - 7(c)中,前面所提到的两种情况同时出现,因此,决定该磨削过程中的动力学行为的因素变成了该磨削过程的初始状态。与砂轮颤振相比,工件颤振的分布情况要特别得多。图 4 - 7(d)、(e)和(f)反映了工件颤振的情况仅存在于砂轮在工件中点附近移动的时候。而具体说来,图 4 - 7(d)体现了工件颤振和稳定磨削状态之间的来回切换,而 4.7(e)则反映了工件颤振与砂轮颤振的共存。最后,图 4 - 7(f)中同时出现了三种可能的磨削动力学行为。

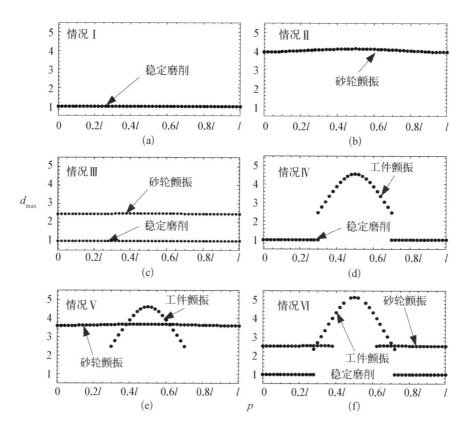

图 4-7 最大磨削深度 d_{max} 关于砂轮位置 p 的变化规律

(a) 情况 Ⅰ ($\tau_w = 84$),稳定磨削过程;(b) 情况 Ⅱ ($\tau_w = 80$),砂轮颤振;

(c) 情况 Ⅲ ($\tau_w = 80.8$),稳定磨削与砂轮颤振共存;

(d) 情况 Ⅳ ($\tau_w = 82.6$),稳定磨削与工件颤振共存;

(e) 情况 Ⅴ ($\tau_w = 68$),砂轮颤振与工件颤振共存;

(f) 情况 Ⅵ ($\tau_w = 68.34$),稳定磨削,砂轮颤振和工件颤振同时存在。

　　得到了分岔图 4-7 后,就可以利用该图去追踪砂轮移动对磨削动力学行为带来的影响。具体来说,基于图 4-6 寻找砂轮位置关于时间的变化规律,然后通过图 4-7 建立颤振振幅随时间的变化规律,从而得到磨削颤振的动力学行为。最后,为了验证该结果,对原方程直接进行数值积分,并将分岔图嵌入直接数值积分得到的时间序列中,见图 4-8 中。

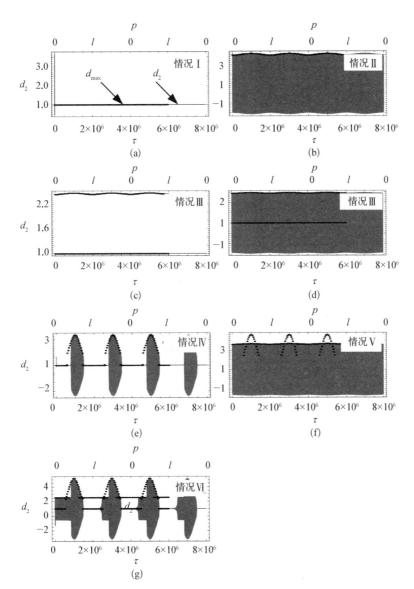

图 4-8 切削深度 d_2 的时间历程图,图中还嵌入了
颤振振幅 d_{max} 关于砂轮位置的分岔图 p

(a) 情况 I ($\tau_w = 84$),磨削过程始终稳定;(b) 情况 II ($\tau_w = 80$),砂轮颤振;
(c) 情况 III ($\tau_w = 80.8$),稳定磨削过程;(d) 情况 III ($\tau_w = 80.8$),砂轮颤振;
(e) 情况 I ($\tau_w = 82.6$),工件颤振和稳定磨削过程之间不断切换;
(f) 情况 V ($\tau_w = 68$),虽然工件颤振的分岔图存在,但仅有砂轮颤振出现;
(g) 情况 VI ($\tau_w = 68.34$),稳定磨削、砂轮颤振和工件颤振之间不断切换。

图 $4-8$ 中,可以清楚地看到,磨削深度 d_2 的时间历程图被静态分析得到的颤振振幅 $d_{\max}$ 的分岔图所包络。图 $4-8(a)$ 显示了稳定的往复式磨削过程,而图 $4-8(b)$ 中则全程都是砂轮颤振。在图 $4-8(c)$ 和 (d) 中,我们看到相同的参数取值情况下可能出现截然不同的磨削动力学行为,分别是稳定磨削和砂轮颤振。图 $4-8(e)$ 反映了工件颤振的情况,可以看出这种形式的颤振运动是间歇性的,颤振出现在砂轮靠近工件中心时,消失于砂轮向工件两端移动的时候。在图 $4-8(f)$ 中,再次观察到了类似于图 $4-8(b)$ 和 (d) 中的砂轮颤振运动,尽管它们所对应的分岔图是截然不同的。最后,图 $4-8(g)$ 描述了最为复杂的一种情况,即磨削过程的动力学行为会在稳定磨削、砂轮颤振和工件颤振之间来回切换。但仍然可以看到,颤振依旧产生于砂轮移动到工件中点附近的时候。

总而言之,利用准静态分岔分析得到的结果能够很方便地构造出整个往复式磨削过程中系统可能产生的各种不同的颤振行为。结果表明,往复式磨削中的砂轮颤振是连续的而工件颤振则是间歇性的。

4.5 本章小结

本章主要研究了往复式磨削过程中的磨削稳定性和颤振动力学响应,总结起来主要的工作如下:

(1) 本章提出了一个新的关于往复式磨削颤振动力学行为的控制方程,模型中包括了砂轮和工件失去接触的情况。

(2) 通过多尺度方法和延拓算法,本章在参数空间中找到了磨削颤振的稳定性条件,并发现磨削力仅仅会激发工件低阶模态的振动。

(3) 分岔分析显示往复式磨削过程中砂轮的位置对砂轮自身的颤振几

乎没有影响,但对工件的颤振运动具有决定性的影响。

（4）考虑到砂轮沿工件轴向的移动速度非常小,基于快慢变的思想,通过准静态的分岔分析预测了往复式磨削过程中可能出现的复杂颤振运动,包括砂轮失稳诱发的连续性颤振和工件失稳诱发的间歇性颤振。

第5章

变转速颤振抑制

5.1 概　述

在讨论了外圆磨削过程中的磨削稳定性和颤振运动以后，接下来探讨如何抑制这些颤振的发生。考虑到第 4 章证实了准静态分析的有效性，接下来关于颤振抑制的分析都将基于切入式外圆磨削的模型，即第 2、第 3 章中所采用的动力学方程。有所不同的是，为了更加贴合实际，这里的磨削力模型依然选用第 4 章中非线性磨削力，且考虑砂轮和工件失去接触的情况。改进了模型以后，又对该过程中的动力学行为进行了分析，并得到了与之相似的结果，包括超临界 Hopf 分岔和一种类似于亚临界 Hopf 分岔的现象。有所不同的是，这里所得到的大振幅的颤振运动都明显受到了砂轮和工件失去接触所带来的影响。此后，本书致力于探讨能够有效抑制磨削颤振的策略，而这里所采用的方法就是所谓的变转速控制。

关于变转速控制的研究开始于 20 世纪 70 年代[176, 179-183, 191]，并且被应用在车削[180, 182]和铣削[176, 234]等不同的机械加工领域中。相比之下，关于变转速抑制磨削颤振的工作就开始得较晚，并且也少得多。最早，Inasaki 等人[191]采用数值仿真的办法探讨了磨削加工中采用连续周期性改变工件转速抑制颤振的有效性，并指出这始终是一种有效抑制磨削颤振的方法。随后，Knapp[192]也通过实验的办法得到了相似的结论。近期，Barrenetxea[193]和 Álvarez 等人[194]都采用实验和数值的办法研究了无心磨削加工过程中变工件转速对磨削稳定性的影响。

本章 5.2 节给出了改进后的切入式外圆磨削的动力学模型，其中加入了非线性磨削力的因素。在 5.3 节中采用 DDEBIFTOOL 和 XPPAUT 等工具对该过程中的磨削稳定性问题和磨削颤振运动进行了理论和数值的分析。为了抑制磨削颤振，5.4 节对砂轮和工件的转速进行了周期性的摄动。随后采用由 Zhang 和 Xu[226]改进的多尺度方法，找到了能够使得磨削颤振被抑制下来的充分条件。此外，与其他的文献有所不同的是，本书考虑对砂轮和工件的转速同时进行摄动，并利用前面得到的充分条件，找出了最佳的转速摄动策略。最后，采用此变转速策略，有效地增加了参数平面上能够维持稳定磨削状态的参数区域。

5.2 改进模型

5.2.1 物理模型

继续讨论切入式磨削过程的动力学行为，类似于方程(2-1)，有控制方程：

$$m_g \frac{\mathrm{d}^2 X_g(t)}{\mathrm{d}t^2} + c_g \frac{\mathrm{d}X_g(t)}{\mathrm{d}t} + k_g X_g(t) = F_g,$$

$$\rho A \frac{\partial^2 X_w(t, S)}{\partial t^2} + C_w \frac{\partial X_w(t, S)}{\partial t} + EI \frac{\partial^4 X_w(t, S)}{\partial S^4} = -F_g \delta(S-P)$$

$$(5-1)$$

和边界条件

$$\begin{cases} X_w(t, 0) = 0, & \dfrac{\partial^2 X_w}{\partial S^2}(t, 0) = 0, \\[3mm] X_w(t, L) = 0, & \dfrac{\partial^2 X_w}{\partial S^2}(t, L) = 0 \end{cases} \tag{5-2}$$

采用第 4 章中的磨削力模型，F_g 可以写作：

$$F_g = \begin{cases} WKC^\nu \left(\dfrac{r_w N_w}{r_g N_g} \right)^{2\mu-1} D_{eq}^{1-\mu} D_g^\mu, & \text{如果 } D_g > 0, \\[3mm] 0, & \text{如果 } D_g \leqslant 0 \end{cases} \tag{5-3}$$

式中，W 为砂轮的宽度，(m)；K 为砂轮和工件的接触刚度，$(\text{N} \cdot \text{m}^{-2})$；$C$ 为一个代表砂轮上切削刃分布情况的无量纲参数，D_{eq} 为一个等效的直径，$D_{eq} = 2\dfrac{r_w r_g}{r_w + r_g}$ (m)；$\nu \in (0, 1)$ 和 $\mu \in (0.5, 1)$ 则是两个需要通过实验确定的无量纲参数。

由方程(5-3)可以看出，磨削力 F_g 是关于切削深度 D_g 的一个非线性的方程。此外，该模型还考虑了砂轮和工件失去接触的情况，即当磨削深度 $D_g \leqslant 0$ 的时候，有 $F_g = 0$。同样，类似于方程(2-4)，这里的磨削深度表示为

$$D_g = \delta_w + \delta_g = f + X_w(t, P) - X_g(t) - X_w(t - T_w, P) + X_g(t - T_g) \tag{5-4}$$

5.2.2 等效模型

第 4 章指出，工件的第一阶模态最容易被激发出来。此外，Fu[200] 的实验还证明，磨削过程中的颤振频谱都主要由工件的低阶模态占据。因此，为了方便起见，下面的分析中仅仅考虑工件最容易被激发出来的模态，即第一阶模态。在考虑边界条件(5-2)的情况下，方程(5-1)中梁的位移可

以表示为

$$X_w(t, S) = X_1(t)\sin\left(\frac{\pi S}{L}\right) \tag{5-5}$$

考虑方程(5-3)和方程(5-4)，将方程(5-5)代入方程(5-1)，并采用 Galerkin 截断，可以得到：

$$m_g\frac{\mathrm{d}^2 X_g}{\mathrm{d}t^2} + c_g\frac{\mathrm{d}X_g}{\mathrm{d}t} + k_g X_g$$

$$= k_c\left(\frac{T_g}{T_w}\right)^{2\mu-1}$$

$$\times\left(f + X_1(t)\sin\left(\frac{\pi P}{L}\right) - X_g(t) - X_1(t - T_w)\sin\left(\frac{\pi P}{L}\right) + X_g(t - T_g)\right)^\mu,$$

$$\frac{\rho A L}{2}\frac{\mathrm{d}^2 X_1}{\mathrm{d}t^2} + \frac{L C_w}{2}\frac{\mathrm{d}X_1}{\mathrm{d}t} + \frac{E I \pi^4}{2L^3}X_1(t)$$

$$= -\sin\left(\frac{\pi P}{L}\right)k_c\left(\frac{T_g}{T_w}\right)^{2\mu-1}$$

$$\times\left(f + X_1(t)\sin\left(\frac{\pi P}{L}\right) - X_g(t) - X_1(t - T_w)\sin\left(\frac{\pi P}{L}\right) + X_g(t - T_g)\right)^\mu \tag{5-6}$$

式中，$k_c = WKC^\nu\left(\dfrac{r_w}{r_g}\right)^{2\mu-1}D_{eq}^{1-\mu}$（N·m$^{-\mu}$）。可以看到，同样是磨削刚度，这里的 k_c 和方程(2-8)中的 k_c（N·m^{-1}）有所不同，这主要体现实际加工中，磨削力与切削深度的关系是非线性的。此外，方程(5-6)中还出现了 $\left(\dfrac{T_g}{T_w}\right)^{2\mu-1}$，这表明磨削力的大小与砂轮和工件的转速也有关系。

　　为了后面的分析，进一步简化方程(5-6)，将其平衡点移动到坐标原点。为此，引入坐标变换：

$$x_g(t) = X_g(t) + \frac{k_c}{k_g}\left(\frac{T_g}{T_w}\right)^{2\mu-1} f^\mu,$$

$$x_1(t) = \sin\left(\frac{P\pi}{L}\right)X_1 - \sin^2\left(\frac{P\pi}{L}\right)\frac{2L^3 k_c}{EI\pi^4}\left(\frac{T_g}{T_w}\right)^{2\mu-1} f^\mu, \quad (5-7)$$

$$D_d(t) = x_w(t) - x_g(t) - x_w(t-T_w) + x_g(t-T_g)$$

和等效参数

$$m_1 = \frac{\rho AL}{2\sin^2\left(\dfrac{P\pi}{L}\right)}, c_1 = \frac{c_w L}{2\sin^2\left(\dfrac{P\pi}{L}\right)},$$

$$(5-8)$$

$$k_1 = \frac{EI\pi^4}{2L^3\sin^2\left(\dfrac{P\pi}{L}\right)}, F_f = k_c\left(\frac{T_g}{T_w}\right)^{2\mu-1} f^\mu$$

式中，D_d 就是切削深度 D_g 中除去初始进给量以外的动态磨削深度。相应的，就可以将方程(5-6)转变为

$$m_g\frac{\mathrm{d}^2 x_g}{\mathrm{d}t^2} + c_g\frac{\mathrm{d}x_g}{\mathrm{d}t} + k_g x_g = k_c\left(\frac{T_g}{T_w}\right)^{2\mu-1}(f + D_d(t))^\mu - F_f,$$

$$m_w\frac{\mathrm{d}^2 x_w}{\mathrm{d}t^2} + c_w\frac{\mathrm{d}x_w}{\mathrm{d}t} + k_w x_w = F_f - k_c\left(\frac{T_g}{T_w}\right)^{2\mu-1}(f + D_d(t))^\mu$$

$$(5-9)$$

式中，$x_w(t)$ 为等效的工件位移，(m)；m_w 为等效的工件质量，(kg)；c_w 为等效的工件阻尼，$(\mathrm{N \cdot s \cdot m^{-1}})$；$k_w$ 为等效的工件刚度，$(\mathrm{N \cdot m^{-1}})$；$F_f$ (N) 为等效的进给力。

可以看到，方程(5-9)是一个等效的数学模型，对应于图 5-1 中的力学模型。

5.2.3 数学模型

为了做进一步的分析，需要将方程(5-9)进一步化简。为此，引入如下

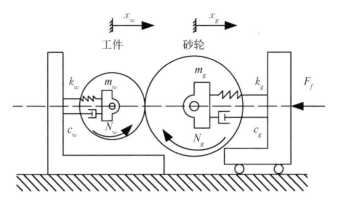

图 5 - 1　切入式外圆磨削的等效模型

的无量纲参数：

$$\gamma = \frac{m_g}{m_w}, \quad \kappa_w = \frac{k_w m_g}{k_g m_w}, \quad \kappa_1 = \mu \frac{k_c}{k_g}, \quad \tau = t\sqrt{\frac{k_g}{m_g}},$$

$$\xi_g = \frac{c_g}{m_g}\sqrt{\frac{m_g}{k_g}}, \quad \tau_g = T_g\sqrt{\frac{k_g}{m_g}}, \quad \kappa_2 = \frac{(\mu-1)\kappa_1}{2},$$

$$\xi_w = \frac{c_w}{m_w}\sqrt{\frac{m_g}{k_g}}, \quad \tau_w = T_w\sqrt{\frac{k_g}{m_g}}, \quad \kappa_3 = \frac{(\mu-1)(\mu-2)\kappa_1}{6}$$

$$(5-10)$$

和无量纲变量

$$\boldsymbol{y}(t) = \begin{pmatrix} y_1(\tau) \\ y_2(\tau) \\ y_3(\tau) \\ y_4(\tau) \end{pmatrix} = \begin{pmatrix} y_1(\tau) \\ y_2(\tau) \\ \dfrac{\mathrm{d}y_1(\tau)}{\mathrm{d}\tau} \\ \dfrac{\mathrm{d}y_2(\tau)}{\mathrm{d}\tau} \end{pmatrix} = \begin{pmatrix} \dfrac{x_g(t)}{f} \\ \dfrac{x_w(t)}{f} \\ \dfrac{1}{f}\dfrac{\mathrm{d}x_g(t)}{\mathrm{d}t}\sqrt{\dfrac{m_g}{k_g}} \\ \dfrac{1}{f}\dfrac{\mathrm{d}x_w(t)}{\mathrm{d}t}\sqrt{\dfrac{m_g}{k_g}} \end{pmatrix}, d_d(t) = \frac{D_d(\tau)}{f}$$

$$(5-11)$$

与之相应,把方程(5-9)的磨削力表达式按 Taylor 级数展开并保留其前三阶,则该动力学方程可化简为

$$\frac{\mathrm{d}\boldsymbol{y}(\tau)}{\mathrm{d}\tau} = \boldsymbol{A}\boldsymbol{y}(\tau) + \boldsymbol{D}_{\mathbf{g}}\boldsymbol{y}(\tau - \tau_g) + \boldsymbol{D}_{\mathbf{w}}\boldsymbol{y}(\tau - \tau_w) + \boldsymbol{f}, \quad (5-12)$$

式中,

$$\boldsymbol{A} = \begin{pmatrix} 0 & 0 & 1 & 0 \\ 0 & 0 & 0 & 1 \\ -1-\kappa_1\left(\frac{\tau_g}{\tau_w}\right)^{2\mu-1} & \kappa_1\left(\frac{\tau_g}{\tau_w}\right)^{2\mu-1} & -\xi_g & 0 \\ \gamma\kappa_1\left(\frac{\tau_g}{\tau_w}\right)^{2\mu-1} & -\gamma\kappa_1\left(\frac{\tau_g}{\tau_w}\right)^{2\mu-1}-\kappa_w & 0 & -\xi_w \end{pmatrix},$$

$$\boldsymbol{D}_{\mathbf{g}} = \begin{pmatrix} 0 & 0 & 0 & 0 \\ 0 & 0 & 0 & 0 \\ \kappa_1\left(\frac{\tau_g}{\tau_w}\right)^{2\mu-1} & 0 & 0 & 0 \\ -\gamma\kappa_1\left(\frac{\tau_g}{\tau_w}\right)^{2\mu-1} & 0 & 0 & 0 \end{pmatrix},$$

$$\boldsymbol{D}_{\mathbf{w}} = \begin{pmatrix} 0 & 0 & 0 & 0 \\ 0 & 0 & 0 & 0 \\ 0 & -\kappa_1\left(\frac{\tau_g}{\tau_w}\right)^{2\mu-1} & 0 & 0 \\ 0 & \gamma\kappa_1 s\left(\frac{\tau_g}{\tau_w}\right)^{2\mu-1} & 0 & 0 \end{pmatrix},$$

$$\boldsymbol{f} = \begin{pmatrix} 0 \\ 0 \\ \gamma\kappa_2 d_d^2(t) + \gamma\kappa_3 d_d^3(t) \\ -\gamma\kappa_2 d_d^2(t) - \gamma\kappa_3 d_d^3(t) \end{pmatrix}$$

类似于方程(5-9),这里的无量纲方程(5-12)将会在下一节作为磨削稳定性和颤振运动分析的基础。

5.3　磨削稳定性及颤振

如前面所说,这里的磨削动力学行为由方程(5-12)决定。方程的平衡点 $\mathbf{y}(t) = 0$,对应了稳定磨削的过程,并且该平衡点的稳定性对应了磨削过程的稳定性。为了研究磨削稳定性和失稳以后的颤振动力学行为,将讨论方程(5-12)的平衡点稳定性以及该平衡点失稳以后磨削力中的动态切削深度 d_d 的周期性变化。

5.3.1　磨削稳定性

方程(5-12)的动力学行为由定义在方程(5-10)中的各个参数值决定。在这些参数中,$(\gamma, \kappa_w, \xi_g, \xi_w)$ 属于机床和工件的基本参数,在磨削加工过程中并不能够被选择或是改变。不同的是 $(\kappa_1, \tau_g, \tau_w)$ 描述的是磨削力的特征,它们的取值可能根据具体的加工情况进行实时的调整。因此,本书更加关心参数 $(\kappa_1, \tau_g, \tau_w)$ 对于磨削稳定性及颤振运动的影响。

为说明磨削力对系统的作用,先将其他的参数都确定下来。作为一个例子,这些参数的取值为

$$m_g = 30(\mathrm{kg}), c_g = 4\,500(\mathrm{N \cdot s \cdot m^{-1}}), k_g = 3 \times 10^6(\mathrm{N \cdot m^{-1}}),$$

$$m_w = 61(\mathrm{kg}), c_w = 9\,800(\mathrm{N \cdot s \cdot m^{-1}}), k_w = 6.15 \times 10^6(\mathrm{N \cdot m^{-1}}), \mu = 0.8。$$

把这些参数取值代入方程(5-10),可以得到 $\gamma = 0.486$、$\kappa_w = 0.997$、$\xi_g = 0.474$ 和 $\xi_w = 0.502$。

有了这些参数值,接下来就可以通过讨论系统的特征值来研究磨削过程的稳定性。为此,可以采用第 2 章中给出的延拓算法,也可以采用第 3 章中所提到的 DDEBIFTOOL 直接进行计算。这里采用 DDEBIFTOOL 在参数空间中寻找该磨削过程的稳定性边界,从而区分参数空间中的稳定磨削和颤振区域。通过计算,得到图 5 - 2。

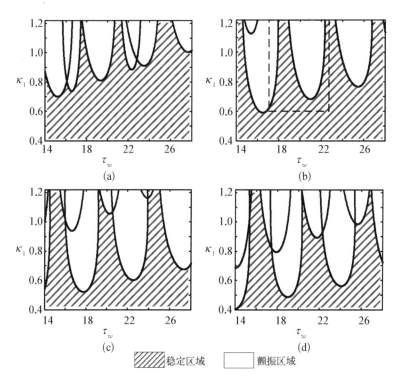

图 5 - 2　稳定性边界曲线、稳定区域和颤振区域

(a) $\tau_g = 11$, (b) $\tau_g = 12$, (c) $\tau_g = 13$, (d) $\tau_g = 14$

图 5 - 2 中的阴影区域代表稳定磨削的参数区域,而白色区域代表磨削过程失稳产生颤振的区域。图中的各个子图,对应于时滞 τ_g 取不同值的情况。可以看出,图 5 - 2 中的"Lobes"图和图 2 - 7 有很大的不同,这主要体现在磨削稳定区域的大小受到了时滞 τ_g 和 τ_w 的影响。具体来说,从子图

5-2(a)、(b)、(c)到(d),稳定区域的面积随着 τ_g 的增加有明显的减小。此外,从各个子图中可以看出,稳定区域随着 τ_w 的增大而逐渐扩展。这一情况与我们在图 2-7 中所得到的结果完全不一样,而这一点则是由磨削力的模型导致的。结合图 5-2 和方程(5-12)的系数矩阵可以看出,该磨削过程的稳定性随着 $\kappa_1\left(\dfrac{\tau_g}{\tau_w}\right)^{2\mu-1}$ 的增大而降低。这也就是说,磨削刚度越小,则该切入式磨削过程的稳定性越好,有所不同的是新模型中的磨削刚度也受到了时滞 τ_g 和 τ_w 的影响。

5.3.2　磨削颤振

为了进一步分析颤振运动,选取图 5-2 中被虚线围住的区域,放大在图 5-3 中,并标记了箭头 A 和 B。对应于这两种不同的由稳定磨削过渡到颤振运动的情况,再次采用分岔分析的办法讨论了可能发生的颤振运动。而这两组结果则都显示在了图 5-4 中。

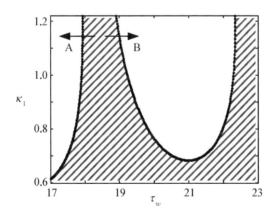

图 5-3　放大后的稳定性参数区域,图中箭头 A 和
B 对应于 $\kappa_1 = 1.15$ 的情况

图 5-4 中的 $d_g(t)=1+d_d(t)$,代表无量纲的磨削深度。从图中可以

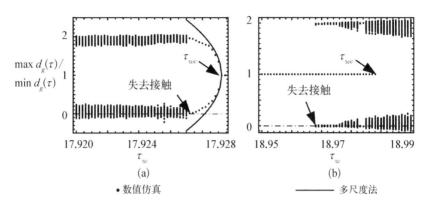

图 5‑4 分岔图，描述最大 $\max d_g(t)$ 和最小磨削 $\min d_g(t)$ 深度与参数 τ_w 之间的关系

（a）对应于图 5‑3 中的箭头 A（$\tau_{wc} = 17.929$），（b）对应于箭头 B（$\tau_{wc} = 18.988$）。

看出，当没有颤振发生 $d_g = 1$ 时，该磨削过程稳定，没有动态磨削深度 $d_d(t) \equiv 0$。而在颤振发生以后，磨削深度 $d_g(t)$ 会随着时间不断变化，从而产生最大 $\max d_g(t)$ 和最小 $\min d_g(t)$ 的切削深度。不仅如此，当颤振的振幅增大到一定程度时，产生负磨削深度（$d_g(t) < 0$），砂轮和工件之间还会失去接触。此外，还可以清楚地看到图 5‑4(a) 中的颤振经由超临界 Hopf 分岔产生，其振幅随着 τ_w 的减小而增大，最终产生工件与砂轮分离的颤振。而在图 5‑4(b) 中，颤振并不是连续地产生出来，而是突然产生于 τ_w 增大到 τ_{wc} 以后。此外，这种情况还类似于一种亚临界 Hopf 分岔，在线性稳定的区域中出现了颤振与稳定磨削共存的情况。为了一一说明上面所描述的颤振，选取了几个具有代表性的情况，并观察其对应的时间历程，这些结果都被绘制于图 5‑5 中。

图 5‑5 显示了经由图 5‑3 中的各个箭头所产生的颤振运动。其中图 5‑5(a) 描述了在 τ_w 沿着箭头 A 减小的情况下，系统经由超临界 Hopf 分岔所产生的周期性颤振。而随着 τ_w 进一步减小，颤振的幅值逐渐增大，直到砂轮和工件失去接触从而引发更加复杂的颤振运动，这样的结果可以在

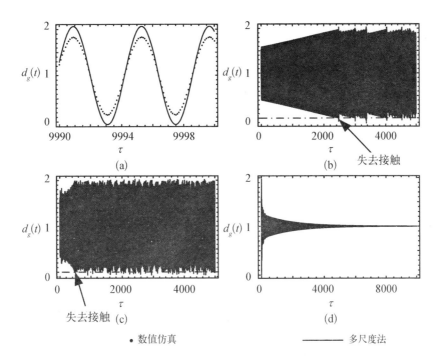

● 数值仿真　　　　　　　　　　　　—— 多尺度法

**图 5-5　磨削深度时间历程图,点代表数值仿真结果,
实线代表由多尺度方法得到的理论结果**

（a）$\tau_w = 17.928$ 时的周期性磨削颤振,
（b）$\tau_w = 17.926$ 时的颤振,考虑到砂轮和工件失去接触的情况,
（c）$\tau_w = 18.98$ 时的颤振运动,(d) $\tau_w = 18.98$ 时的稳定磨削过程。

图 5-5(b)中看到。图 5-5(c)和(d)则体现了在箭头 B 上颤振运动和稳定磨削共存的情况。在参数值相同的情况下,该磨削过程中可能同时出现图 5-5(c)中的颤振运动,和图 5-5(d)中的稳定磨削过程,至于哪一种状态会出现则取决于该磨削过程的初始状态。

　　总体来说,在改进了磨削力模型以后,得到的磨削稳定性和颤振运动的结果和前两章的结论有细微的改变,比如稳定性区域的面积也受到时滞 τ_g 和 τ_w 的影响,以及颤振运动会因为砂轮和工件失去接触而变得更为复杂。然而,采用两个不同模型所得到的关于磨削颤振的主要结论还是一致的,即较小的磨削力有助于系统维持稳定,并且该过程中的稳定磨削与颤振运动共存的情况使得针对该过程的研究不能只停留于线性分析阶段。

5.4 颤振抑制

在分析了磨削稳定性和颤振运动以后,下面讨论如何能够消除掉该加工过程中的颤振运动。这里采用的就是变主轴转速的方法,即采用周期性的砂轮和工件转速来替代定常的转速,从而抑制磨削加工过程中的颤振运动。并且通过选择合适的转速变换策略,取得最佳的颤振抑制效果。

5.4.1 周期性转速和时滞

为了抑制磨削颤振,对砂轮和工件的转速进行周期性的摄动:

$$
\begin{aligned}
N_g^* &= N_g(1 + \varepsilon\Delta_g\sin(\varepsilon\Omega_g\tau + \phi_g)), \\
N_w^* &= N_w(1 + \varepsilon\Delta_w\sin(\varepsilon\Omega_w\tau + \phi_w))
\end{aligned}
\tag{5-13}
$$

其中 N_g^* 和 N_w^* 分别是被摄动以后的砂轮和工件的转速。$\varepsilon\Delta_g$ 和 $\varepsilon\Delta_w$ 是相应的摄动幅值,$\varepsilon\Omega_g$ 和 $\varepsilon\Omega_w$ 是相应的摄动频率,而 ϕ_g 和 ϕ_w 则是对应的相位。在公式(5-13)中,$\varepsilon \ll 1$ 是一个无量纲的参数,代表这里的摄动幅值和摄动频率都非常的小。

此外,在不失去一般性的情况下,我们还可以假设

$$
\begin{aligned}
\Delta_g > 0, \Omega_g > 0, \phi_g \in [0, 2\pi), \\
\Delta_w > 0, \Omega_w > 0, \phi_w \in [0, 2\pi)
\end{aligned}
\tag{5-14}
$$

考虑公式(5-10)和公式(5-13),将对应的时滞进行展开后得到

$$\tau_g^* = \frac{\tau_g}{1 + \varepsilon \Delta_g \sin(\varepsilon \Omega_g \tau + \phi_g)}$$

$$= \tau_g - \varepsilon \Delta_g \tau_g \sin(\varepsilon \Omega_g \tau + \phi_g) + \varepsilon^2 \Delta_g^2 \frac{\tau_g}{2}(1 - \cos(2\varepsilon \Omega_g \tau + 2\phi_g)) + o(\varepsilon^2),$$

$$\tau_w^* = \frac{\tau_w}{1 + \varepsilon \Delta_w \sin(\varepsilon \Omega_w \tau + \phi_w)}$$

$$= \tau_w - \varepsilon \Delta_w \tau_w \sin(\varepsilon \Omega_w \tau + \phi_w) + \varepsilon^2 \Delta_w^2 \frac{\tau_w}{2}(1 - \cos(2\varepsilon \Omega_w \tau + 2\phi_w)) + o(\varepsilon^2)$$

$$(5-15)$$

式中，τ_g^* 和 τ_w^* 代表被摄动后的时滞。接下来为了分析不同的转速摄动策略对颤振抑制效果的影响，将采用由 Zhang 和 Xu[226] 所提出的基于多尺度分析的方法。

5.4.2　多尺度分析

为了研究变转速控制在临界状态附近的效果，引入对稳定性边界上的临界参数值的摄动

$$\kappa_1 = \kappa_{1c} + \varepsilon \kappa_{1\varepsilon}, \quad \tau_w = \tau_{wc} + \varepsilon \tau_{w\varepsilon} \qquad (5-16)$$

式中，κ_{1c} 和 τ_{wc} 分别代表参数 κ_1 和 τ_w 在临界边界上的取值，无量纲的小量 ε 意味着对该临界参数的摄动很小。接下来套用多尺度分析方法，将原始时间 τ 扩展成为不同的时间尺度 $T_0 = \tau$、$T_1 = \varepsilon \tau$ 和 $T_2 = \varepsilon^2 \tau$。与之相应，常微分算子转变为

$$\frac{\mathrm{d}\boldsymbol{y}(\tau)}{\mathrm{d}\tau} = \frac{\partial \boldsymbol{y}(T_0, T_1, T_2)}{\partial T_0} + \varepsilon \frac{\partial \boldsymbol{y}(T_0, T_1, T_2)}{\partial T_1}$$

$$+ \varepsilon^2 \frac{\partial \boldsymbol{y}(T_0, T_1, T_2)}{\partial T_2} \qquad (5-17)$$

与此同时，将方程(5-12)的解 $\boldsymbol{y}(\tau)$ 展开为

$$\boldsymbol{y}(\tau) = \sum_{i=1}^{3} \varepsilon^i \, \boldsymbol{y}_i(T_0, T_1, T_2) = \sum_{i=1}^{3} \varepsilon^i \begin{pmatrix} y_{1i}(T_0, T_1, T_2) \\ y_{2i}(T_0, T_1, T_2) \\ y_{3i}(T_0, T_1, T_2) \\ y_{4i}(T_0, T_1, T_2) \end{pmatrix}$$

$$(5-18)$$

对应于新引入的多个时间尺度和被摄动的参数,时滞项可以展开为

$$y_1(\tau - \tau_g^*) = \sum_{i=0}^{2} y_{1i}(T_0 - \tau_g^*, \ T_1 - \varepsilon\tau_g^*, \ T_2 - \varepsilon^2\tau_g^*)$$

$$\approx y_{10\tau_g} + \varepsilon y_{11\tau_g} + \varepsilon\Delta_g\tau_g\sin(\Omega_g T_1 + \phi_g)\frac{\partial y_{10\tau_g}}{\partial T_0} - \varepsilon\tau_g\frac{\partial y_{10\tau_g}}{\partial T_1} + \varepsilon^2 y_{12\tau_g}$$

$$+ \varepsilon^2 \frac{\tau_g\Delta_g^2\cos(2\Omega_g T_1 + 2\phi_1)}{2}\frac{\partial y_{10\tau_g}}{\partial T_0} + \varepsilon^2\frac{\tau_g^2}{2}\frac{\partial^2 y_{10\tau_g}}{\partial T_1^2} - \varepsilon^2\tau_g\frac{\partial y_{10\tau_g}}{\partial T_2}$$

$$+ \varepsilon^2 \frac{\tau_g^2\Delta_g^2\sin^2(\Omega_g T_1 + \phi_g)}{2}\frac{\partial^2 y_{10\tau_g}}{\partial^2 T_0} - \varepsilon^2\tau_g\frac{\partial y_{11\tau_g}}{\partial T_1} - \varepsilon^2\frac{\Delta_g^2\tau_g}{2}\frac{\partial y_{10\tau_g}}{\partial T_0}$$

$$+ \varepsilon^2\Delta_g\tau_g\sin(\Omega_g T_1 + \phi_g)\left(\frac{\partial y_{10\tau_g}}{\partial T_1} + \frac{\partial y_{11\tau_g}}{\partial T_0} - \tau_g\frac{\partial^2 y_{10\tau_g}}{\partial T_0\partial T_1}\right),$$

$$y_2(\tau - \tau_w^*) = \sum_{i=0}^{2} y_{2i}(T_0 - \tau_w^*, \ T_1 - \varepsilon\tau_w^*, \ T_2 - \varepsilon^2\tau_w^*)$$

$$\approx y_{20\tau_w} + \varepsilon\Delta_w\tau_{wc}\sin(\Omega_w T_1 + \phi_w)\frac{\partial y_{20\tau_w}}{\partial T_0} - \varepsilon\tau_{wc}\frac{\partial y_{20\tau_w}}{\partial T_1} + \varepsilon y_{21\tau_w} - \varepsilon\tau_{w\varepsilon}\frac{\partial y_{20\tau_w}}{\partial T_0}$$

$$- \varepsilon^2\tau_{wc}\frac{\partial y_{20\tau_w}}{T_2} - \varepsilon^2\tau_{wc}\frac{\partial y_{21\tau_w}}{\partial T_1} + \varepsilon^2\frac{\tau_{2c}^2}{2}\frac{\partial^2 y_{20\tau_2}}{\partial T_1^2} - \varepsilon^2\frac{\Delta_w^2\tau_{wc}}{2}\frac{\partial y_{20\tau_w}}{\partial T_0}$$

$$- \varepsilon^2\tau_{w\varepsilon}\frac{\partial y_{20\tau_w}}{\partial T_1} - \varepsilon^2\tau_{wc}\frac{\partial y_{21\tau_{w\varepsilon}}}{\partial T_0} + \varepsilon^2\tau_{wc}\tau_{w\varepsilon}\frac{\partial^2 y_{20\tau_w}}{\partial T_0\partial T_1} + \varepsilon^2 y_{22\tau_w}$$

$$+ \varepsilon^2\frac{\tau_{wc}\Delta_w^2\cos(2\Omega_w T_1 + 2\phi_w)}{2}\frac{\partial y_{20\tau_w}}{\partial T_0} + \varepsilon^2\frac{\tau_{w\varepsilon}^2}{2}\frac{\partial^2 y_{20\tau_w}}{\partial T_0^2}$$

$$+ \varepsilon^2 \frac{\tau_{wc}^2 \Delta_w^2 \sin^2(\Omega_w T_1 + \phi_2)}{2} \frac{\partial^2 y_{20\tau_w}}{\partial T_0^2} + \varepsilon^2 \Delta_w \tau_{wc} \sin(\Omega_w T_1 + \phi_2)$$

$$\times \left(\frac{\partial y_{20\tau_w}}{\partial T_1} + \frac{\partial y_{21\tau_w}}{\partial T_0} - \tau_{wc} \frac{\partial^2 y_{20\tau_{wc}}}{\partial T_0 \partial T_1} + \frac{\tau_{w\varepsilon}}{\tau_{wc}} \frac{\partial y_{20\tau_w}}{\partial T_0} - \tau_{w\varepsilon} \frac{\partial^2 y_{20\tau_w}}{\partial T_0^2} \right)$$

$$(5-19)$$

其中

$$y_{1i\tau_g} = y_{1i}(T_0 - \tau_g, T_1, T_2),$$

$$y_{2i\tau_w} = y_{2i}(T_0 - \tau_{wc}, T_1, T_2), (i = 0, 1, 2)$$

令 $p = \left(\dfrac{\tau_g}{\tau_{wc}} \right)^{2\mu - 1}$ 和 $\delta_i = y_{2i} - y_{1i} + y_{1i\tau_g} - y_{2i\tau_w}$, $(i = 1, 2, 3)$, 将方

程$(5-16)$、$(5-17)$、$(5-18)$和$(5-19)$代入方程$(5-12)$并搜集方程中 ε^1

和 ε^2 前面的系数, 分别为

$$\frac{\partial y_{10}}{\partial T_0} - y_{30} = 0,$$

$$\frac{\partial y_{20}}{\partial T_0} - y_{40} = 0,$$

$$(5-20)$$

$$\frac{\partial y_{30}}{\partial T_0} + p\kappa_{1c}\delta_0 + y_{10} + \xi_g y_{30} = 0,$$

$$\frac{\partial y_{40}}{\partial T_0} - p\gamma\kappa_{1c}\delta_0 + \kappa_w y_{20} + \xi_w y_{40} = 0$$

和

$$\frac{\partial y_{11}}{\partial T_0} - y_{31} = 0,$$

$$\frac{\partial y_{21}}{\partial T_0} - y_{41} = 0,$$

$$\frac{\partial y_{31}}{\partial T_0} + p\kappa_{1c}\delta_1 + y_{11} + \xi_g y_{31} = p\kappa_{1c}\tau_{w\varepsilon}y_{20\tau_w} - p\Big(\frac{(2\mu-1)\kappa_{1c}\tau_{w\varepsilon}}{\tau_{wc}} - \kappa_{1\varepsilon}\Big)\delta_0$$

$$- p\kappa_2\delta_0^2 - \frac{\partial y_{30}}{\partial T_1} - p\kappa_{1c}\Big(\tau_g\frac{\partial y_{10\tau_g}}{\partial T_1} - \tau_{wc}\frac{\partial y_{20\tau_w}}{\partial T_1} - \tau_{w\varepsilon}\frac{\partial y_{20\tau_w}}{\partial T_0}\Big)$$

$$+ p\kappa_{1c}\Delta_g\sin(\Omega_g T_1 + \phi_g)\Big(\tau_g\frac{\partial y_{10\tau_g}}{\partial T_1} - (2\mu-1)\delta_0\Big)$$

$$- p\kappa_{1c}\Delta_w\sin(\Omega_w T_1 + \phi_w)\Big(\tau_{wc}\frac{\partial y_{20\tau_w}}{\partial T_1} - (2\mu-1)\delta_0\Big),$$

$$\frac{\partial y_{41}}{\partial T_0} - p\gamma\kappa_{1c}\delta_1 + \kappa_w y_{21} + \xi_w y_{41} = -\gamma p\kappa_{1c}\tau_{w\varepsilon}y_{20\tau_w} + \gamma p\Big(\frac{(2\mu-1)\kappa_{1c}\tau_{w\varepsilon}}{\tau_{wc}} - \kappa_{1\varepsilon}\Big)\delta_0$$

$$+ \gamma p\kappa_2\delta_0^2 - \frac{\partial y_{30}}{\partial T_1} + \gamma p\kappa_{1c}\Big(\tau_g\frac{\partial y_{10\tau_g}}{\partial T_1} - \tau_{wc}\frac{\partial y_{20\tau_w}}{\partial T_1} - \tau_{w\varepsilon}\frac{\partial y_{20\tau_w}}{\partial T_0}\Big)$$

$$- \gamma p\kappa_{1c}\Delta_g\sin(\Omega_g T_1 + \phi_g)\Big(\tau_g\frac{\partial y_{10\tau_g}}{\partial T_1} - (2\mu-1)\delta_0\Big)$$

$$+ \gamma p\kappa_{1c}\Delta_w\sin(\Omega_w T_1 + \phi_w)\Big(\tau_{wc}\frac{\partial y_{10\tau_w}}{\partial T_1} - (2\mu-1)\delta_0\Big) \tag{5-21}$$

考虑到方程(5-16),方程(5-20)的解可以写作

$$\boldsymbol{y}_0(T_0, T_1, T_2) = \begin{bmatrix} y_{10} \\ y_{20} \\ y_{30} \\ y_{40} \end{bmatrix} = \boldsymbol{r}B(T_1, T_2)\mathrm{e}^{\mathrm{i}\omega T_0} + \mathrm{c.\,c.} \tag{5-22}$$

其中 c. c. 代表其前面项的复共轭,$\mathrm{i}\omega$ 对应于稳定边界上临界特征值的虚部,而 $\boldsymbol{r}=(1, r_2, r_3, r_4)$ 则对应于临界情况时的一个右特征向量。换句话说,它们满足以下方程:

$$(\mathrm{i}\omega\boldsymbol{I} - \boldsymbol{A} - \boldsymbol{D}_\mathbf{g}\mathrm{e}^{-\mathrm{i}\omega\tau_g} - \boldsymbol{D}_\mathbf{w}\mathrm{e}^{-\mathrm{i}\omega\tau_w}) \cdot \boldsymbol{r} = 0 \tag{5-23}$$

将方程(5-22)代入方程(5-21)后可以得到

$$\frac{\partial \boldsymbol{y}_1}{\partial T_0} - (\boldsymbol{A} + \boldsymbol{D}_{\mathrm{g}} \mathrm{e}^{-\mathrm{i}\omega\tau_g} + \boldsymbol{D}_{\mathrm{w}} \mathrm{e}^{-\mathrm{i}\omega\tau_w}) \, \boldsymbol{y}_1 = \begin{pmatrix} 0 \\ 0 \\ u_3 \\ u_4 \end{pmatrix} B \mathrm{e}^{\mathrm{i}\omega T_0} + \begin{pmatrix} v_1 \\ v_2 \\ v_3 \\ v_4 \end{pmatrix} \frac{\partial B}{\partial T_1} \mathrm{e}^{\mathrm{i}\omega T_0}$$

$$+ \begin{pmatrix} 0 \\ 0 \\ s_3 \\ s_4 \end{pmatrix} B \bar{B} + \begin{pmatrix} 0 \\ 0 \\ w_3 \\ w_4 \end{pmatrix} B^2 \mathrm{e}^{\mathrm{i}2\omega T_0} + \mathrm{c.\,c.}$$

$$(5\text{-}24)$$

其中

$$u_3 = p\left(\kappa_{1\epsilon} - \frac{(2\mu-1)\kappa_{1c}}{\tau_{wc}}\right)(\mathrm{e}^{-\mathrm{i}\omega\tau_g} - 1 + r_2 - r_2 \mathrm{e}^{-\mathrm{i}\omega\tau_{wc}}) + p\omega\kappa_{1c}\tau_{2\epsilon} r_2 \mathrm{e}^{-\mathrm{i}\omega\tau_{wc}}$$

$$+ \Delta_g \kappa_{1c} p \sin(\Omega_g T_1 + \phi_g)(\mathrm{i}\omega \mathrm{e}^{-\mathrm{i}\omega\tau_g} - (2\mu-1)(\mathrm{e}^{-\mathrm{i}\omega\tau_g} - 1 + r_2 - r_2 \mathrm{e}^{-\mathrm{i}\omega\tau_{wc}}))$$

$$- \Delta_w \kappa_{1c} p \sin(\Omega_w T_1 + \phi_w)(\mathrm{i}\omega \mathrm{e}^{-\mathrm{i}\omega\tau_{wc}} - (2\mu-1)(\mathrm{e}^{-\mathrm{i}\omega\tau_g} - 1 + r_2 - r_2 \mathrm{e}^{-\mathrm{i}\omega\tau_{wc}})),$$

$$u_4 = -\gamma p\left(\kappa_{1\epsilon} - \frac{(2\mu-1)\kappa_{1c}}{\tau_{wc}}\right)(\mathrm{e}^{-\mathrm{i}\omega\tau_g} - 1 + r_2 - r_2 \mathrm{e}^{-\mathrm{i}\omega\tau_{wc}}) + p\omega\kappa_{1c}\tau_{2\epsilon} r_2 \mathrm{e}^{-\mathrm{i}\omega\tau_{wc}}$$

$$- \gamma\Delta_g \kappa_{1c} p \sin(\Omega_g T_1 + \phi_g)(\mathrm{i}\omega \mathrm{e}^{-\mathrm{i}\omega\tau_g} - (2\mu-1)(\mathrm{e}^{-\mathrm{i}\omega\tau_g} - 1 + r_2 - r_2 \mathrm{e}^{-\mathrm{i}\omega\tau_{wc}}))$$

$$+ \gamma\Delta_w \kappa_{1c} p \sin(\Omega_w T_1 + \phi_w)(\mathrm{i}\omega \mathrm{e}^{-\mathrm{i}\omega\tau_{wc}} - (2\mu-1)(\mathrm{e}^{-\mathrm{i}\omega\tau_g} - 1 + r_2 - r_2 \mathrm{e}^{-\mathrm{i}\omega\tau_{wc}})),$$

$$v_1 = -1, v_2 = -r_2, v_3 = p\kappa_{1c}(r_2 \mathrm{e}^{-\mathrm{i}\omega\tau_{wc}} \tau_{wc} - \mathrm{e}^{-\mathrm{i}\omega\tau_g} \tau_g) - r_3,$$

$$v_4 = -\gamma p\kappa_{1c}(r_2 \mathrm{e}^{-\mathrm{i}\omega\tau_{wc}} \tau_{wc} - \mathrm{e}^{-\mathrm{i}\omega\tau_g} \tau_g) - \gamma r_4,$$

$$s_3 = 2p\kappa_2(\mathrm{e}^{-\mathrm{i}\omega\tau_g} - 1 - r_2 + r_2 \mathrm{e}^{-\mathrm{i}\omega\tau_{wc}})(\mathrm{e}^{-\mathrm{i}\omega\tau_g} - 1 + \bar{r}_2 - \bar{r}_2 \mathrm{e}^{-\mathrm{i}\omega\tau_{wc}}),$$

$$s_4 = -2\gamma p\kappa_2(\mathrm{e}^{-\mathrm{i}\omega\tau_g} - 1 - r_2 + r_2 \mathrm{e}^{-\mathrm{i}\omega\tau_{wc}})(\mathrm{e}^{-\mathrm{i}\omega\tau_g} - 1 + \bar{r}_2 - \bar{r}_2 \mathrm{e}^{-\mathrm{i}\omega\tau_{wc}}),$$

$$w_3 = p\kappa_2(\mathrm{e}^{-\mathrm{i}\omega\tau_g} - 1 + r_2 - r_2 \mathrm{e}^{-\mathrm{i}\omega\tau_{wc}})^2, w_4 = -\gamma p\kappa_2(\mathrm{e}^{-\mathrm{i}\omega\tau_g} - 1 + r_2 - r_2 \mathrm{e}^{-\mathrm{i}\omega\tau_{wc}})^2,$$

$$B = B(T_1, T_2)$$

且有 $\bar{r}_2$ 代表 r_2 的复共轭。

如前面所说,方程(5-24)有解的充分必要条件是其中的长期项要全部被消除,即其中所有和 $e^{i\omega T_0}$ 成比例的项都应该被消去。为此,引入一个特解 $\boldsymbol{y}_1^*$ 使其满足

$$\frac{\partial \boldsymbol{y}_1^*}{\partial T_0} - (\boldsymbol{A} + \boldsymbol{D}_g e^{-i\omega\tau_g} + \boldsymbol{D}_w e^{-i\omega\tau_w}) \boldsymbol{y}_1^* = \begin{pmatrix} 0 \\ 0 \\ u_3 \\ u_4 \end{pmatrix} B e^{i\omega T_0} + \begin{pmatrix} v_1 \\ v_2 \\ v_3 \\ v_4 \end{pmatrix} \frac{\partial B}{\partial T_1} e^{i\omega T_0}$$

$$(5-25)$$

根据 Fredholm 定理 $\boldsymbol{y}_1^*$ 存在的充分必要条件是以下方程满足:

$$\boldsymbol{l} \cdot \left[\begin{pmatrix} 0 \\ 0 \\ u_3 \\ u_4 \end{pmatrix} B e^{i\omega T_0} + \begin{pmatrix} v_1 \\ v_2 \\ v_3 \\ v_4 \end{pmatrix} \frac{\partial B}{\partial T_1} e^{i\omega T_0} \right] = 0 \qquad (5-26)$$

其中 $\boldsymbol{l} = (1, l_2, l_3, l_4)$ 是对应于临界情况时的一个左特征向量,即它是以下方程的解:

$$\boldsymbol{l} \cdot (i\omega \boldsymbol{I} \boldsymbol{A} + \boldsymbol{D}_g e^{-i\omega\tau_g} + \boldsymbol{D}_w e^{-i\omega\tau_w}) = 0 \qquad (5-27)$$

接下来,求解方程(5-26)就可以得到 $B(T_1, T_2)$ 所需要满足的微分方程为

$$\frac{\partial B}{\partial T_1} = \frac{l_3 u_3 + l_4 u_4}{v_1 + l_2 v_2 + l_3 v_3 + l_4 v_4} B \qquad (5-28)$$

在消除了方程(5-24)的长期项以后,可以直接求解方程(5-24)得到

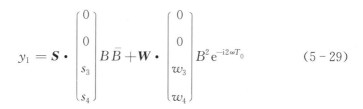

$$y_1 = \boldsymbol{S} \cdot \begin{pmatrix} 0 \\ 0 \\ s_3 \\ s_4 \end{pmatrix} B\bar{B} + \boldsymbol{W} \cdot \begin{pmatrix} 0 \\ 0 \\ w_3 \\ w_4 \end{pmatrix} B^2 \mathrm{e}^{-\mathrm{i}2\omega T_0} \qquad (5-29)$$

其中

$$\boldsymbol{S} = (-\boldsymbol{A} - \boldsymbol{D}_{\mathbf{g}} - \boldsymbol{D}_{\mathbf{w}})^{-1},$$

$$\boldsymbol{W} = (\mathrm{i}2\omega\boldsymbol{I} - \boldsymbol{A} - \boldsymbol{D}_{\mathbf{g}}\mathrm{e}^{-\mathrm{i}2\omega\tau_g} - \boldsymbol{D}_{\mathbf{w}}\mathrm{e}^{-\mathrm{i}2\omega\tau_{wc}})^{-1} \qquad (5-30)$$

更进一步,继续重复上面的流程。把方程(5-16)、方程(5-17)、方程 (5-18)、方程(5-19)、方程(5-22)、方程(5-29)代入方程(5-12)并搜集其中 ε^3 项的系数,然后重复前面的分析流程,即从方程(5-24)到方程(5-28),则 可以计算出 $\dfrac{\partial B}{\partial T_2}$。之后,通过下面的方程重构振幅函数 B 所满足的微分方程

$$\frac{\mathrm{d}B}{\mathrm{d}\tau} = \varepsilon \frac{\partial B}{\partial T_1} + \varepsilon^2 \frac{\partial B}{\partial T_2} \qquad (5-31)$$

最后,引入极坐标变换

$$B(T_1, T_2) = \frac{1}{2}\alpha(T_1, T_2)\mathrm{e}^{\mathrm{i}\beta(T_1, T_2)} + \mathrm{c.c.} \qquad (5-32)$$

就可以将方程(5-31)的实部和虚部分离为

$$\frac{\mathrm{d}\alpha}{\mathrm{d}\tau} = a_1(\tau)\alpha + a_3\alpha^3, \qquad (5-33)$$

$$\alpha \frac{\mathrm{d}\beta}{\mathrm{d}\tau} = b_1(\tau)\alpha + b_3\alpha^3 \qquad (5-34)$$

式中,$a_1(\tau) = g + P(\tau)$。g 代表 $a_1(\tau)$ 中的常数;$P(\tau)$ 是由变转速控制所 引入的时变函数。

显然，方程(5-33)独立，并且其未知数 α 代表该颤振过程的振幅，于是可以通过求解该方程去考察磨削的动力学行为：如果 α 为正则该过程为颤振，而如果 α 为零则代表没有振动。

5.4.3 颤振抑制充分条件

接下来求解方程(5-33)，从数学上来说，(5-33)是一个 Bernoulli 方程，因此，我们可以直接得到该方程的解为

$$
\begin{aligned}
\alpha &= \frac{Ce^{\int_0^\tau a_1(s)ds}}{\sqrt{1-2C^2 a_3 \int_0^\tau e^{2\int_0^{s_1} a_1(s_2)ds_2} ds_1}} \\
&= \frac{Ce^{\int_0^\tau P(s)ds}}{\sqrt{e^{-2g\tau} - \dfrac{2C^2 a_3}{2g+1} \int_0^\tau e^{2\int_0^{s_1} P(s_2)ds_2} ds_1}}
\end{aligned}
\tag{5-35}
$$

在方程(5-35)中 $\dfrac{2C^2 a_3}{2g+1} \int_0^\tau e^{2\int_0^{s_1} P(s_2)ds_2} ds_1$ 和 $Ce^{\int_0^\tau P(s)ds}$ 都是关于时间 τ 的周期或者线性函数。因此，由方程(5-35)所决定的颤振振幅 α 的长期解由指数函数 $e^{-2g\tau}$ 决定。举例来说，当 $g>0$，$e^{-2g\tau}$ 会随着时间 τ 而逐渐趋于零，此时 α 保持为正，颤振依然存在。相反，当 $g<0$，$e^{-2g\tau}$ 会随时间推移而趋于正无穷，相应的颤振振幅 α 则会趋向于零，这也就意味着原本存在着的颤振被成功抑制下来。

作为一个算例，本书采用该方法去抑制图 5-4(a)中所对应的颤振运动。与之相应，此算例中参数 $a_1(\tau)$ 的值为

$$
\begin{aligned}
a_1(\tau) = & \ 5.5775\varepsilon^2 \Delta_g \Delta_w \cos(\phi_g - \phi_w + \varepsilon\Omega_g\tau - \varepsilon\Omega_w\tau) - 2.5600\varepsilon^2 \Delta_g^2 \\
& - 3.1623\varepsilon^2 \Delta_w^2 - 0.0265\varepsilon\tau_{w\varepsilon} - 0.0182\varepsilon^2\tau_{w\varepsilon}^2 \\
& - 0.4076\Delta_g \sin(\phi_g + \varepsilon\Omega_g\tau) + \cdots
\end{aligned}
\tag{5-36}
$$

其中，$\cdots$ 代表余下的所有周期函数。

为了知道如何能够将颤振抑制下来,需要先从方程(5-36)中分离出 g 的值。由于 g 代表了 $a_1(\tau)$ 中所有的常数项,而方程(5-36)中的 $5.5775\varepsilon^2\Delta_g\Delta_w\cos(\phi_g-\phi_w+\varepsilon\Omega_g\tau-\varepsilon\Omega_w\tau)$ 既可以是周期函数也可以取为常数,这取决于参数 Ω_g 和 Ω_w 的取值:

$$\cos(\phi_g-\phi_w+\varepsilon\Omega_g\tau-\varepsilon\Omega_w\tau)$$
$$=\begin{cases}\cos(\phi_g-\phi_w+\varepsilon\Omega_g\tau-\varepsilon\Omega_w\tau), & \text{如果 }\Omega_g\neq\Omega_w, \quad (5-37)\\ \cos(\phi_g-\phi_w), & \text{如果 }\Omega_g=\Omega_w\end{cases}$$

从方程(5-35)中可以知道,最好的抑制颤振的方法是尽量使得 $g\to-\infty$。再考虑到方程(5-37),最佳的变转速策略则应该为

$$\phi_g-\phi_w=\pm\pi \text{ 且 }\varepsilon\Omega_g\tau-\varepsilon\Omega_w\tau=0 \qquad (5-38)$$

此时,g 能够取得最小值

$$g=-5.5775\varepsilon^2\Delta_g\Delta_w-2.5600\varepsilon^2\Delta_g^2-3.1623\varepsilon^2\Delta_w^2-0.0265\varepsilon\tau_{w\varepsilon}$$
$$-0.0182\varepsilon^2\tau_{w\varepsilon}^2 \qquad (5-39)$$

总结起来,最佳的变转速控制策略是让砂轮和工件的转速变化具有相同的频率和半个周期的相位差。在实践中,这一控制策略可以通过用不同的放大器放大同一信号得到。具体来说,在使用正弦控制信号 $\sin(\varepsilon\Omega\tau)$ 去实时摄动砂轮和工件转速之前,该信号被同时放大 $\varepsilon\Delta_g$ 倍和 $-\varepsilon\Delta_w$ 倍。再考虑到 $-\Delta_w\sin(\varepsilon\Omega\tau)=\Delta_w\sin(\varepsilon\Omega\tau+\pi)$,我们就得到了两个频率相同而相位相差半个周期的控制信号。

然后基于方程(5-39)来说明变转速颤振抑制的效果。在图 5-6 中,我们在空间 $\varepsilon\tau_{w\varepsilon}-\varepsilon\Delta_g-\varepsilon\Delta_w$ 中绘制出了 $g=0$ 的曲面,从而区分开了 $g<0$ 和 $g>0$ 的参数空间。在曲面之下有 $g>0$,意味着此参数区域中的颤振没有被抑制下来。而在曲面之上有 $g<0$,对应着能够使得颤振运动消失的参数取值。

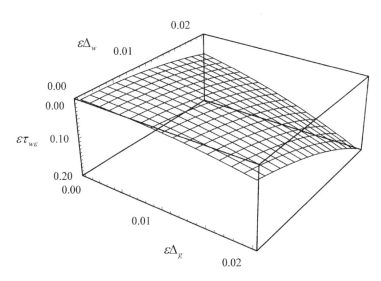

图 5 - 6 临界曲面 g=0,该曲面之上有 g<0,其下为 g>0

为了能够进一步说明,我们取了图 5 - 6 的一个截面($\varepsilon\tau_{we} = -0.4$),并绘制在了图 5 - 7 中。该图中的灰色区域代表能够将颤振抑制下来的参数取值,而白色区域代表仍然保持颤振的区域。为了验证这里分析的结果,我们选取了三个参考点,点 I、II 和 III 来分析其对应的动力学行为。

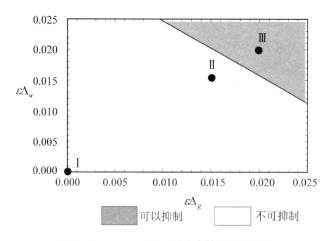

图 5 - 7 $\varepsilon\tau_{we}$=-0.4 时的变转速振幅取值

对图 5-7 中的点Ⅰ、Ⅱ和Ⅲ,采用数值积分的办法计算了该磨削过程中磨削深度的变化规律。图 5-8(a)描绘了没有变转速控制时的颤振运动。在施加了比较弱的变转速控制($\varepsilon\Delta_w = \varepsilon\Delta_g = 0.015$)以后,该颤振运动并没有被抑制下来,而是呈现出图 5-8(b)的运动形式。此后继续增大转速变化幅度($\varepsilon\Delta_w = \varepsilon\Delta_g = 0.02$),该颤振最终被成功抑制下来,其时间历程如图 5-8(c)所示。

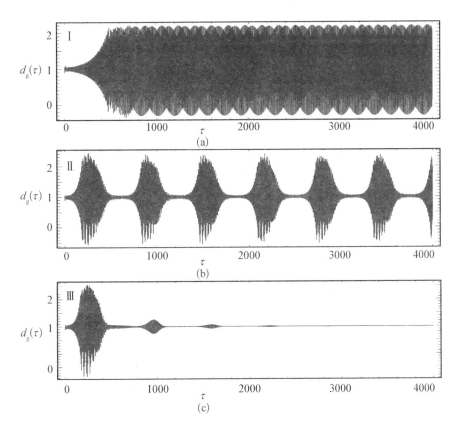

图 5-8　对应于图 4-7 中参数点Ⅰ、Ⅱ和Ⅲ的磨削深度的时间历程图

(a) 对应于点Ⅰ($\varepsilon\Delta_w = \varepsilon\Delta_g = 0$),即没有施加变转速控制时的颤振运动,
(b) 对应于点Ⅱ($\varepsilon\Delta_w = \varepsilon\Delta_g = 0.015$),变转速控制幅度不大时的颤振,
(c) 对应于点Ⅲ($\varepsilon\Delta_w = \varepsilon\Delta_g = 0.02$),变转速控制幅度增大到能够抑制颤振。

5.4.4 颤振抑制效果

如上面所述,变转速控制能够有效地抑制磨削颤振,而下面就在更为广泛的参数空间中讨论这一控制策略的有效性:始终采用变转速策略$(\varepsilon\Delta_w=\varepsilon\Delta_g=0.02)$来抑制图 5-3 中的颤振区域中的颤振。

通过在该区域中的临界曲线上连续地计算参数 g 的取值,我们可以划分出能够有效抑制磨削颤振的参数区域,得到的结果绘制在了图 5-9 中。与图 5-3 相比,图 5-9 中靠近颤振边界的颤振区域(白色)都被转化成了颤振抑制区域(灰色)。这也意味着变转速控制能够在颤振即将发生的参数空间中有效地抑制颤振的产生。

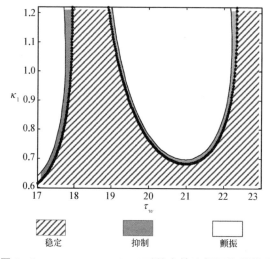

图 5-9　$\varepsilon\Delta_w=\varepsilon\Delta_g=0.02$ 时的变转速颤振抑制效果

5.5　本章小结

本章致力于改进前面提出的磨削颤振模型,并引入变转速控制的方法来考虑能够抑制磨削颤振的产生，主要工作如下：

（1）通过加入非线性的磨削力模型并考虑砂轮和工件失去接触的情况，改进了第 2 章和第 3 章中所采用磨削动力学模型。

（2）利用 DDEBIFTOOL，找出了磨削颤振的稳定性边界，并改进了第 2 章的结论。这主要体现在磨削稳定性区域的面积受到了转速的影响，它随着砂轮转速的提高而增大，随着工件转速的提高而减小。

（3）通过多尺度分析和数值积分，讨论了该磨削过程失稳以后系统中可能产生的颤振运动。且得到了类似于第 3 章中的超临界 Hopf 分岔和亚临界 Hopf 分岔的结果。有所不同的是，这里的结果受到了砂轮和工件失去接触的影响，出现了特有的磨削颤振动力学响应。

（4）引入变主轴转速，来有效地抑制颤振的产生。通过多尺度分析，得到了能够抑制颤振产生的充分条件，在此基础上，讨论了不同的变转速组合，并得到了最佳的变转速控制策略，即使得砂轮和工件的转速变化具有相同的频率和半个周期的相位差。

（5）在整个磨削过程中保持变主轴转速的控制，在参数空间中找到了能够有效抑制颤振产生的参数区域，指出变主轴转速在稳定性边界附近的效果最佳。

第6章

外圆磨削颤振中的分岔控制与振动控制

6.1 概　　述

在第 3 章、第 4 章和第 5 章的研究中,发现磨削颤振普遍由亚临界 Hopf 分岔引发,而如此产生磨削颤振的方式会给磨削加工带来诸多不利的影响。其一,由亚临界 Hopf 分岔引发的颤振往往都具有很大的振幅,对工件的表面质量和砂轮寿命具有更强的破坏力;其二,大的振幅往往都会诱发砂轮与工件失去接触,因而二者之间又会产生碰撞,从而对磨削质量带来更大影响;最后,亚临界 Hopf 分岔会侵蚀线性稳定区域,减少可用的参数选择。综合考虑这些因素,需要采用不同的控制策略,以消除磨削颤振的影响,这包括在第 5 章中所提到的变转速控制。第 6 章将选用另外两种不同的控制方法来减轻磨削加工过程中的颤振。方法之一是非线性(分岔)控制,即在砂轮的支架上附加一个非线性的(立方)速度反馈控制,通过增加反馈增益,可以逐渐将磨削过程中的亚临界 Hopf 分岔全部转化为超临界,从而减轻磨削颤振且避免稳定磨削与颤振共存的情况。进一步,再在砂轮架上附加一个小振幅的周期性外激励。通过调节激励的振幅和频率,可以消除由再生效应引发的磨削颤振,从而用小振幅的受迫振动来替代大振幅的磨削颤振,进一步降低磨削颤振对磨削质量的影响。

在车削颤振的研究中,Pratt 和 Nayfeh[175] 最早考虑到用非线性速度反馈的方法来减弱颤振的强度。他们选用立方的速度反馈来降低颤振的强度,并改变颤振的产生方式。通过不断增大增益的强度,车削颤振中的亚临界 Hopf 分岔可以被转化为超临界 Hopf 分岔,从而大大降低颤振的幅值,并保证了线性稳定的参数区域中的系统稳定性。此后,Nayfeh 和 Nayfeh[174] 又利用谐波平衡法和 Floquet 理论分析了该控制策略对于全局分岔的影响。在立方非线性状态反馈控制的基础上,再引入一种开环的振动控制(Quench Control)。对于该方法的应用,Nayfeh 和 Mook[209] 有着全面的总结。振动控制的有效性最早发现于受迫 van der Pol[235] 振子的研究中,而后该思想又被 Pratt 和 Nayfeh[175] 用于控制车削颤振。他们采用多尺度方法,找到了能够抑制再生颤振所需的外激励幅值,从而用一个小振幅的受迫振动替代了具有大振幅的车削颤振。

本章 6.2 节继续改进前面所使用的磨削颤振动力学模型,新模型中的磨削力分别考虑了工件与砂轮之间的切削和摩擦作用。根据此动力学模型,利用第 2 章中所提出的延拓算法找到了该磨削过程的稳定性边界,讨论了砂轮宽度和工件转速对于磨削稳定性的影响。然后,6.3 节采用多尺度方法和 DDEBIFTOOL 讨论了系统失稳以后颤振的产生方式。通过计算规范型方程,发现了该磨削过程中的颤振均是以亚临界 Hopf 分岔的方式产生。考虑到亚临界分岔会引起大振幅的颤振,我们引入立方非线性的反馈控制,以减小颤振的幅值并将亚临界分岔转化为超临界。6.4 节给砂轮引入了周期性的外激励,并通过调节该外激励的幅值,达到了用小振幅受迫振动替换大振幅磨削颤振的目的。

6.2 磨削颤振模型与磨削稳定性

6.2.1 动力学模型

这里所用到的动力学模型与方程(5-1)完全一致,即

$$m_g \frac{\mathrm{d}^2 X_g(t)}{\mathrm{d}t^2} + c_g \frac{\mathrm{d}X_g(t)}{\mathrm{d}t} + k_g X_g(t) = F_g,$$

$$\rho A \frac{\partial^2 X_w(t,S)}{\partial t^2} + C_w \frac{\partial X_w(t,S)}{\partial t} + EI \frac{\partial^4 X_w(t,S)}{\partial S^4} = -F_g \delta(S-P)$$

$$(6-1)$$

和边界条件

$$\begin{cases} X_w(t,0) = 0, & \dfrac{\partial^2 X_w}{\partial S^2}(t,0) = 0, \\ X_w(t,L) = 0, & \dfrac{\partial^2 X_w}{\partial S^2}(t,L) = 0 \end{cases} \qquad (6-2)$$

有所改变的是,不再采用 Werner 所提出的磨削力模型,而是选用由 Li 和 Fu[198] 提出的具有更加明确物理意义的模型,其中 F_g 写作

$$F_g = \begin{cases} WK \dfrac{r_w N_w}{r_g N_g} D_g + WC \left(\dfrac{r_w N_w}{r_g N_g} \right)^\alpha D_g^{\frac{1+\alpha}{2}}, & \text{如果 } D_g > 0, \\ 0, & \text{如果 } D_g \leqslant 0 \end{cases} \qquad (6-3)$$

式中,W 为砂轮的宽度,(m);K 为砂轮和工件的切削刚度,代表了切削力和切削深度之间的关系,(N·m^{-2});C 为砂轮和工件之间的磨削力系数,表明了摩擦力和切削深度的关系,(N·m$^{-\frac{3+\alpha}{2}}$);$\dfrac{1+\alpha}{2} = \mu \in (0.5, 1)$ 则

是需要通过实验确定的无量纲参数。

类似于第 4 章,这里用工件和砂轮之间的相对位移 $\Delta(t, P) = X_w(t, P) - X_g(t)$ 来表达磨削深度 D_g,由此可以得到该切入式磨削加工过程中的即时磨削深度为

$$D_g = D_n + \Delta(t, P) - \Delta(t - T_w, P) - g\Delta(t - T_g, P), \quad (6\text{-}4)$$

式中,D_n 是名义磨削深度,(m)。

接下来,仅仅考虑工件的第一阶模态,即 $X_w(t) = X_1(t)\sin\left(\dfrac{S\pi}{L}\right)$,并采用类似于 5.1 节中的模型简化过程,可以得到一个类似于方程(5‑12)的数学模型:

$$\frac{\mathrm{d}\boldsymbol{y}(\tau)}{\mathrm{d}\tau} = \boldsymbol{A}\boldsymbol{y}(\tau) + \boldsymbol{D_g}\boldsymbol{y}(\tau - \tau_g) + \boldsymbol{D_w}\boldsymbol{y}(\tau - \tau_w) + \boldsymbol{f} \quad (6\text{-}5)$$

其中

$$\boldsymbol{y}(t) = \begin{Bmatrix} y_1(\tau) \\ y_2(\tau) \\ y_3(\tau) \\ y_4(\tau) \end{Bmatrix} = \begin{Bmatrix} y_1(\tau) \\ y_2(\tau) \\ \dfrac{\mathrm{d}y_1(\tau)}{\mathrm{d}\tau} \\ \dfrac{\mathrm{d}y_2(\tau)}{\mathrm{d}\tau} \end{Bmatrix} = \begin{Bmatrix} \dfrac{X_g(t) - X_g^{(0)}}{D_n} \\ \dfrac{X_1(t) - X_1^{(0)}}{D_n}\sin\left(\dfrac{P\pi}{L}\right) \\ \dfrac{1}{D_n}\dfrac{\mathrm{d}X_g(t)}{\mathrm{d}t}\sqrt{\dfrac{m_g}{k_g}} \\ \dfrac{\sin\left(\dfrac{P\pi}{L}\right)}{D_n}\dfrac{\mathrm{d}X_w(t)}{\mathrm{d}t}\sqrt{\dfrac{m_g}{k_g}} \end{Bmatrix},$$

$$\boldsymbol{A} = \begin{bmatrix} 0 & 0 & 1 & 0 \\ 0 & 0 & 0 & 1 \\ -1 - w_g\kappa_1 - w_g\kappa_c & w_g\kappa_1 + w_g\kappa_c & -\xi_g & 0 \\ \gamma w_g\kappa_1 + \gamma w_g\kappa_c & -\kappa_w - \gamma w_g\kappa_1 - \gamma w_g\kappa_c & 0 & -\xi_w \end{bmatrix},$$

$$\mathbf{D_g} = \begin{pmatrix} 0 & 0 & 0 & 0 \\ 0 & 0 & 0 & 0 \\ gw_g\kappa_1 + gw_g\kappa_c & -gw_g\kappa_1 - gw_g\kappa_c & 0 & 0 \\ -\gamma gw_g\kappa_1 - \gamma gw_g\kappa_c & \gamma gw_g\kappa_1 + \gamma gw_g\kappa_c & 0 & 0 \end{pmatrix},$$

$$\mathbf{D_w} = \begin{pmatrix} 0 & 0 & 0 & 0 \\ 0 & 0 & 0 & 0 \\ w_g\kappa_1 + w_g\kappa_c & -w_g\kappa_1 - w_g\kappa_c & 0 & 0 \\ -\gamma w_g\kappa_1 - \gamma w_g\kappa_c & \gamma w_g\kappa_1 + \gamma w_g\kappa_c & 0 & 0 \end{pmatrix},$$

$$\mathbf{f} = \begin{pmatrix} 0 \\ 0 \\ \kappa_2\delta_d^2(\tau) + \kappa_3\delta_d^3(\tau) \\ -\gamma\kappa_2\delta_d^2(\tau) - \gamma\kappa_3\delta_d^3(\tau) \end{pmatrix}$$

出现在方程(6-5)中的各个无量纲参数和变量的定义如下：

$$\gamma = \frac{2m_g}{L\rho A}\sin^2\left(\frac{P\pi}{L}\right), \kappa_w = \frac{EI\pi^4 m_g}{L^4\rho A k_g}, \xi_g = \frac{c_g}{m_g}\sqrt{\frac{m_g}{k_g}}, \xi_w = \frac{C_w}{\rho A}\sqrt{\frac{m_g}{k_g}},$$

$$\kappa_f = \frac{CD_n^{\frac{1+\mu}{2}}}{k_g}\left(\frac{r_w\tau_g}{r_g\tau_w}\right)^\mu, \kappa_1 = \frac{1+\mu}{2}\left(1 - g\frac{X_1^{(0)}\sin\left(\frac{P\pi}{L}\right)}{D_n} + g\frac{X_g^{(0)}}{D_n}\right)^{\frac{\mu-1}{2}}\kappa_f,$$

$$\kappa_2 = \frac{(\mu-1)\kappa_1}{4}\left[1 - g\frac{X_1^{(0)}\sin\left(\frac{P\pi}{L}\right)}{D_n} + g\frac{X_g^{(0)}}{D_n}\right]^{-1},$$

$$\kappa_3 = \frac{(\mu-3)\kappa_2}{6}\left[1 - g\frac{X_1^{(0)}\sin\left(\frac{P\pi}{L}\right)}{D_n} + g\frac{X_g^{(0)}}{D_n}\right]^{-1},$$

$$\kappa_c = \frac{D_n K_1 r_w\tau_g}{k_g r_g\tau_w}, \quad \tau = t\sqrt{\frac{k_g}{m_g}}, \quad \tau_g = T_g\sqrt{\frac{k_g}{m_g}}, \quad \tau_w = T_w\sqrt{\frac{k_g}{m_g}}, \quad w_g = \frac{W}{D_n},$$

$$\delta_d(\tau) = y_2(\tau) - y_1(\tau) - (y_2(\tau-\tau_w) - y_1(\tau-\tau_w))$$

$$-g(y_2(\tau-\tau_g)-y_1(\tau-\tau_g)),$$

$$d_g=\frac{D_g}{D_n} \tag{6-6}$$

方程(6-6)中的 $X_1^{(0)}$ 和 $X_g^{(0)}$ 分别代表工件和砂轮的平衡位置,即它们满足以下方程:

$$k_g X_g^{(0)}=WK\,\frac{r_w N_w}{r_g N_g}\left[1-g\,\frac{X_1^{(0)}\sin\left(\dfrac{P\pi}{L}\right)}{D_n}+g\,\frac{X_g^{(0)}}{D_n}\right]$$

$$+WC\left(\frac{r_w N_w}{r_g N_g}\right)^{\alpha}\left[1-g\,\frac{X_1^{(0)}\sin\left(\dfrac{P\pi}{L}\right)}{D_n}+g\,\frac{X_g^{(0)}}{D_n}\right]^{\frac{1+\alpha}{2}},$$

$$X_i^{(0)}=-\frac{2L^3 k_g}{\pi^4 EI}\sin\left(\frac{P\pi}{L}\right)X_g^{(0)} \tag{6-7}$$

采用方程(6-5),下面就可以对该磨削过程的稳定性和其中的磨削颤振进行分析。

6.2.3　磨削稳定性

前面各章的研究表明,磨削过程的稳定性极大地受到磨削力大小的影响。而方程(6-5)中的磨削力又和磨削宽度 w_g 成正比,在实际加工过程中也可通过选用不同宽度的砂轮来调节磨削力的大小,因此 w_g 将在磨削稳定性和磨削颤振的分析中作为一个重要的参数来讨论。此外,考虑再生效应对磨削稳定性带来的影响,砂轮和工件旋转引入的时滞 τ_g 和 τ_w 也被认为是非常重要的参数。

此外,其他的参数值的选取均参考实际加工过程中会出现的情况,选取为

$$m_g=20\text{ kg},c_g=80\,000\text{ N}\cdot\text{s}\cdot\text{m}^{-1},k_g=6.4\times10^8\text{ N}\cdot\text{m}^{-1},g=0.02,$$

$\rho = 7\ 850\ \mathrm{kg \cdot m^{-3}}, C_w = 70\ 000\ \mathrm{N \cdot s \cdot m^{-2}}, E = 2.06 \times 10^{11}\ \mathrm{N \cdot m^{-2}},$

$r_w = 0.05\ \mathrm{m}, r_g = 0.2\ \mathrm{m}, L = 0.5\ \mathrm{m}, P = 0.25\ \mathrm{m}, \alpha = 0.33,$

$D_n = 2 \times 10^{-6}\ \mathrm{m}, K_1 = 1.116 \times 10^{11}\ \mathrm{N \cdot m^{-2}}, C = 2.47 \times 10^7\ \mathrm{N \cdot m^{-1.665}}$。

相应的，可以得到 $A = \pi r_w^2 = 0.007\ 853\ 98, I = \dfrac{\pi r_w^4}{4} = 4.908\ 74 \times 10^{-6}$。

方程(6-6)中所定义的无量纲参数的取值则为

$$\gamma = 1.297\ 57, \quad \kappa_w = 0.798\ 817, \quad \xi_g = 0.707\ 107, \quad \xi_w = 0.200\ 707,$$

$$\kappa_f = 3.965\ 2 \times 10^{-6} \left(\frac{\tau_g}{\tau_w} \right)^{0.33}, \kappa_c = 0.000\ 087\ 187\ 5\ \frac{\tau_g}{\tau_w} \tag{6-8}$$

采用第 2 章中提出的延拓算法，可以得到该磨削过程的稳定性边界，见图 6-1。相比于图 5-2，图 6-1 反映了砂轮宽度 w_g 对磨削过程稳定性

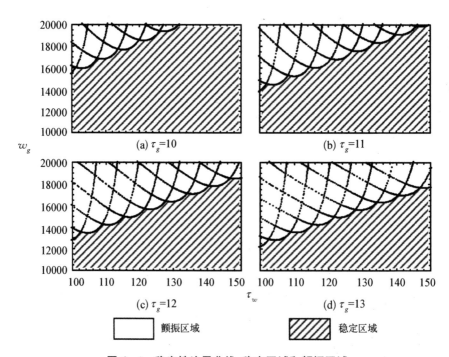

图 6-1　稳定性边界曲线、稳定区域和颤振区域

带来的影响，而该参数也和第 5 章中的磨削刚度 κ_1 有着类似的效果。更宽的砂轮会增大砂轮和工件之间的磨削力，从而降低该磨削过程的稳定性。此外，考虑到图 6-1 中时滞 τ_g 和 τ_w 对稳定区域的影响，可以知道增大工件的转速或减小砂轮的转速都不利于该磨削过程保持稳定。

6.3　磨削颤振与分岔控制

6.3.1　磨削颤振

为了进一步讨论该磨削过程失稳从而引发再生颤振的情况，将图 6-1(d) 中的稳定边界绘制在图 6-2 中。此外，为了说明系统参数 w_g 的增加如何能够引发磨削颤振，在图 6-2 中标记了箭头 A 以方便后面磨削颤振的分析。当系统参数值随着图 6-2 中的箭头 A 变化，并由稳定区域跨过稳定性边界进入颤振区域，该磨削过程会失去稳定性并产生磨削颤振。

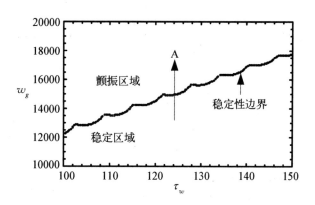

图 6-2　磨削过程稳定性边界

采用前面所使用的多尺度方法和分岔理论，可以研究磨削加工失稳并产生颤振的过程，结果见图 6-3。图中的虚线代表由多尺度方法得到的不稳定周期解,点代表用数值模拟得到的稳定解,包括稳定的平衡点和周期解,而空心的圆圈则代表用 DDEBIFTOOL 得到的不稳定周期解。从图中可以看出,该磨削过程中的再生颤振由亚临界的 Hopf 分岔产生,更为重要的是,稳定的颤振仅产生于工件和砂轮失去接触以后。

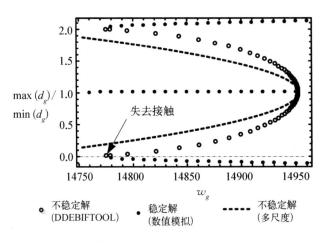

图 6-3   系统的动力学行为沿着箭头 A 的分岔图

从上面的分析可以看出,由亚临界 Hopf 分岔产生的颤振往往具有较大的振幅,以至于导致磨削过程中砂轮和工件失去接触。此种形式的颤振还伴随着砂轮与工件的相互碰撞,相比无碰撞形式的颤振对工件的表面质量和砂轮的寿命有更大的影响。此外,此种分岔产生的颤振与稳定磨削过程共存于稳定的参数区域中,使得实际加工过程中可选的参数范围相对缩减,因而磨削加工应尽量避免此种情况的发生。为此,在砂轮头架上引入非线性控制来改变系统的分岔形式。

6.3.2   分岔控制

为了在磨削加工中避免类似于图 6-3 中的分岔形式,在砂轮的头架上附加一个非线性的速度反馈控制,用以将亚临界的 Hopf 分岔转化为超临界的形式。具体来说,选用工件与砂轮相对速度的立方非线性[175]作为负反馈,并通过调节反馈控制的增益来影响颤振的产生形式。与之相应,方程(6-5)中的非线性项 f 转变为

$$f = \begin{Bmatrix} 0 \\ 0 \\ \gamma\kappa_2\delta_d^2(\tau) + \gamma\kappa_3\delta_d^3(\tau) \\ -\gamma\kappa_2\delta_d^2(\tau) - \gamma\kappa_3\delta_d^3(\tau) \end{Bmatrix} - \kappa \begin{Bmatrix} 0 \\ 0 \\ (y_3(\tau) - y_4(\tau))^3 \\ 0 \end{Bmatrix} \text{。} \quad (6-9)$$

其中 κ 是无量纲的非线性反馈增益。

从局部来看,需要将发生在图 6-2 中的稳定性边界上的亚临界 Hopf 分岔全部转化为超临界。为此,可以采用多尺度法来计算发生颤振时系统的规范型方程,并观察振幅方程中三次项前面的系数符号,从而判断亚临界的 Hopf 分岔是否被转化,而这一思想也和第 3 章寻找 Bautin 分岔点的方法一致。相应的计算结果反映在了图 6-4 中。从图中可以看出,当反馈增益 κ 为 0,即没有施加反馈控制的时候,所关注的稳定性边界曲线上所发生的分岔都是亚临界 Hopf 分岔。但随着 κ 的增加,这些局部的分岔行为会被逐渐地转变为超临界的 Hopf 分岔。从图 6-4(d)中看到,当 κ 增大到 0.0095 的时候,所关注的临界边界已全部被转化过来。

从局部来看,增加反馈增益能够帮助我们避开亚临界 Hopf 分岔。然而,从全局来看,仅仅将亚临界 Hopf 分岔转化为超临界还不够,我们还需要避免周期解上可能会出现的折分岔,这一点从图 6-5 中可以看出。图 6-5(a)即是图 6-3,反映了在不施加控制情况下系统经过亚临界分岔而产生磨削颤振的情况。当增加控制的增益 κ,该分岔形式会局部地转化为亚临界,如图 6-5(b)。然而,从全局来看,图 6-5(b)中的周期解分支上面又继续产生了折分岔,这导致线性稳定的参数区间中依然存在颤振和稳定

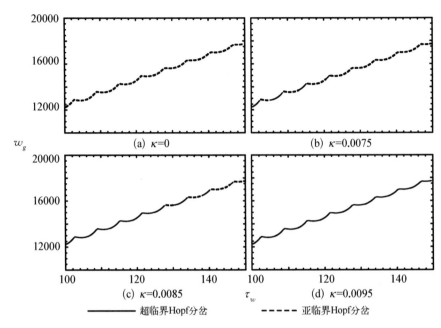

图6-4 反馈增益对稳定性边界上分岔形式的影响

（a）不施加控制的时候稳定性边界上都是亚临界的 Hopf 分岔；
（b）反馈增益 κ 为 0.007 5，有小部分边界上的分岔形式被转化；
（c）反馈增益 κ 为 0.008 5，大部分边界上的分岔形式被转化；
（d）反馈增益 κ 为 0.009 5，图中所有边界上的分岔形式都被转化为超临界 Hopf 分岔。

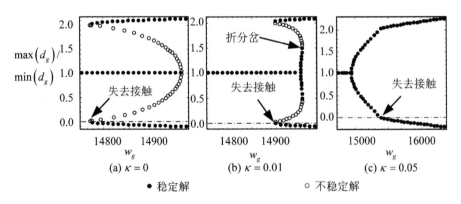

图6-5 反馈增益 κ 对全局分岔的影响

（a）$\kappa = 0$，没有施加控制，颤振以亚临界 Hopf 分岔的形式产生；（b）$\kappa = 0.01$，控制增益较小的时候，亚临界的 Hopf 分岔被局部地转化为超临界分岔，然而周期解分支上的折分岔依然存在；（c）$\kappa = 0.05$，继续增加反馈增益可以消除掉周期解上的折分岔，从而减小磨削颤振的振幅且避免颤振与稳定磨削共存的情况。

磨削共存的情况。有所不同的是,这个共存的参数区间有所减小。进一步的增加反馈增益 κ 直到 0.05,周期解上的折分岔逐渐消失,最终形成如图 6-5(c)中所示的简单超临界 Hopf 分岔。因而磨削颤振在工件和砂轮失去接触之前的振幅相对要小得多,且不再存在颤振与稳定磨削共存的情况,从而增加了实际加工中可用的参数区域,也避免颤振总是以大振幅的形式突然出现。

　　总的来说,不论从控制局部分岔还是控制全局分岔的角度出发,在加工中都应该尽量增大非线性反馈增益,从而减小颤振的振幅且增大可用的参数区域。

6.4　振　动　控　制

　　为了进一步地减小振动的强度,还可以在分岔控制的基础上附加振动控制,从而抑制本已产生的颤振,并用小振幅的受迫振动来替代大振幅的磨削颤振[209]。为此,在砂轮头架上再附加一个周期性的外激励,公式(6-9)变为

$$
\boldsymbol{f} = \begin{Bmatrix} 0 \\ 0 \\ \gamma\kappa_2\delta_d^2(\tau) + \gamma\kappa_3\delta_d^3(\tau) \\ -\gamma\kappa_2\delta_d^2(\tau) - \gamma\kappa_3\delta_d^3(\tau) \end{Bmatrix} - \kappa \begin{Bmatrix} 0 \\ 0 \\ (y_3(\tau) - y_4(\tau))^3 \\ 0 \end{Bmatrix} + f \begin{Bmatrix} 0 \\ 0 \\ \cos(\Omega\tau) \\ 0 \end{Bmatrix}
$$

$$(6-10)$$

式中,f 为此周期外激励的强度;Ω 为激励的频率。为了避免外激励和系统产生共振,这里需要 $\Omega \neq \dfrac{n}{m}\omega_c$,其中 m 和 n 是正整数,而 ω_c 是稳定性边界上系统特征值的虚部。接下来为了能够判断外激励对抑制颤振的效果,将采用多尺度法去求解系统的规范型方程。

6.4.1　多尺度分析

和第 5 章中一样,对稳定性边界上的临界参数值引入摄动

$$w_g = w_{gc} + \varepsilon w_{g\varepsilon} \tag{6-11}$$

式中,w_{gc} 代表参数 w_g 在临界边界上的取值,而无量纲的销量 ε 则意味着对该临界参数的摄动很小。套用多尺度分析方法,将原始时间 τ 扩展成为不同的时间尺度 $T_0 = \tau$、$T_1 = \varepsilon\tau$ 和 $T_2 = \varepsilon^2\tau$。相应的,常微分算子转变为

$$\frac{\mathrm{d}\boldsymbol{y}(\tau)}{\mathrm{d}\tau} = \varepsilon \frac{\partial \boldsymbol{y}(T_0, T_1, T_2)}{\partial T_0} + \varepsilon^2 \frac{\partial \boldsymbol{y}(T_0, T_1, T_2)}{\partial T_1}$$
$$+ \varepsilon^3 \frac{\partial \boldsymbol{y}(T_0, T_1, T_2)}{\partial T_2} \tag{6-12}$$

与此同时,方程(6-5)的解 $\boldsymbol{y}(\tau)$ 被展开为

$$\boldsymbol{y}(\tau) = \sum_{i=0}^{2} \varepsilon^{i+1} \boldsymbol{y}_i(T_0, T_1, T_2) = \sum_{i=0}^{2} \varepsilon^{i+1} \begin{pmatrix} y_{1i}(T_0, T_1, T_2) \\ y_{2i}(T_0, T_1, T_2) \\ y_{3i}(T_0, T_1, T_2) \\ y_{4i}(T_0, T_1, T_2) \end{pmatrix}$$

$$\tag{6-13}$$

对应于新引入的多个时间尺度和被摄动的参数,时滞项可以被展开为

$$y_i(\tau - \tau_j) = \sum_{k=0}^{2} \varepsilon^{k+1} y_{ik}(T_0 - \tau_j, T_1 - \varepsilon\tau_j, T_2 - \varepsilon^2\tau_j)$$

$$= \varepsilon y_{i0\tau_j} + \varepsilon^2 \left(y_{i1\tau_j} - \tau_j \frac{\partial y_{i0\tau_j}}{\partial T_1} \right)$$

$$+ \varepsilon^3 \left(y_{i2\tau_j} + \frac{\tau_j^2}{2} \frac{\partial^2 y_{i0\tau_j}}{\partial T_1^2} - \tau_j \frac{\partial y_{i0\tau_j}}{\partial T_2} - \tau_j \frac{\partial y_{i1\tau_j}}{\partial T_1} \right) \tag{6-14}$$

其中

$$y_{ik\tau_j} = y_{ik}(T_0 - \tau_j, T_1, T_2), (i = 1, 2; j = g, w \text{ 和 } k = 0, 1, 2)。$$

将方程(6-11)、方程(6-12)、方程(6-13)和方程(6-14)代入方程(6-5)并搜集方程中 ε^1 和 ε^2 前面的系数,得到

$$\frac{\partial y_{10}}{\partial T_0} - y_{30} = 0,$$

$$\frac{\partial y_{20}}{\partial T_0} - y_{40} = 0,$$

$$\frac{\partial y_{30}}{\partial T_0} - w_{gc}(\kappa_1 + \kappa_c)\delta_0 + y_{10} + \xi_g y_{30} = \frac{f}{2}(e^{i\Omega T_0} + e^{-i\Omega T_0}),$$

$$\frac{\partial y_{40}}{\partial T_0} + \gamma w_{gc}(\kappa_1 + \kappa_c)\delta_0 + \kappa_w y_{20} + \xi_w y_{40} = 0 \qquad (6-15)$$

和

$$\frac{\partial y_{11}}{\partial T_0} - y_{31} = -\frac{\partial y_{10}}{\partial T_1},$$

$$\frac{\partial y_{21}}{\partial T_0} - y_{41} = -\frac{\partial y_{20}}{\partial T_1},$$

$$\frac{\partial y_{31}}{\partial T_0} - w_{gc}(\kappa_1 + \kappa_c)\delta_1 + y_{11} + \xi_g y_{31} = w_{g\varepsilon}(\kappa_1 + \kappa_c)\delta_0 + \kappa_2\delta_0^2$$

$$- \frac{\partial y_{30}}{\partial T_1} + w_{gc}(\kappa_1 + \kappa_c)\left(\tau_w \frac{\partial y_{20\tau_w}}{\partial T_1} - \tau_w \frac{\partial y_{10\tau_w}}{\partial T_1} + g\tau_g \frac{\partial y_{20\tau_g}}{\partial T_1} - g\tau_g \frac{\partial y_{10\tau_g}}{\partial T_1}\right),$$

$$\frac{\partial y_{41}}{\partial T_0} + \gamma w_{gc}(\kappa_1 + \kappa_c)\delta_1 + \kappa_w y_{21} + \xi_w y_{41} = -\gamma w_{g\varepsilon}(\kappa_1 + \kappa_c)\delta_0 - \gamma\kappa_2\delta_0^2$$

$$- \frac{\partial y_{40}}{\partial T_1} - \gamma w_{gc}(\kappa_1 + \kappa_c)\left(\tau_w \frac{\partial y_{20\tau_w}}{\partial T_1} - \tau_w \frac{\partial y_{10\tau_w}}{\partial T_1} + g\tau_g \frac{\partial y_{20\tau_g}}{\partial T_1} - g\tau_g \frac{\partial y_{10\tau_g}}{\partial T_1}\right)$$

$$(6-16)$$

其中 $\delta_i = y_{2i} - y_{1i} - (y_{2i\tau_w} - y_{1i\tau_w}) - g(y_{2i\tau_g} - y_{1i\tau_g})$，$(i = 1, 2, \cdots)$。

在稳定性边界上，方程（6 - 15）的解可以写作

$$\boldsymbol{y}_0(T_0, T_1, T_2) = \begin{pmatrix} y_{10} \\ y_{20} \\ y_{30} \\ y_{40} \end{pmatrix} = \boldsymbol{r} B(T_1, T_2) e^{i\omega T_0} + \boldsymbol{r}_{\mathrm{f}} e^{i\Omega T_0} + \mathrm{c.\,c.}$$

$$(6 - 17)$$

式中，c. c. 代表其前面项的复共轭；$i\omega$ 对应于稳定边界上临界特征值的虚部；而 $\boldsymbol{r} = (1, r_2, r_3, r_4)^T$ 则对应于该临界特征值的一个右特征向量，即它们满足以下方程：

$$(i\omega \boldsymbol{I} - \boldsymbol{A} - \boldsymbol{D}_{\mathrm{g}} e^{-i\omega\tau_g} - \boldsymbol{D}_{\mathrm{w}} e^{-i\omega\tau_w}) \cdot \boldsymbol{r} = 0$$

另外，方程（6 - 17）中的 $\boldsymbol{r}_{\mathrm{f}} e^{i\Omega T_0}$ 对应于外激励 $\dfrac{f}{2} e^{i\Omega T_0}$ 的激发的受迫振动：

$$\boldsymbol{r}_{\mathrm{f}} = (h_1, h_2, h_3, h_4)^T f e^{i\Omega T_0} = (i\Omega \boldsymbol{I} - \boldsymbol{A} - \boldsymbol{D}_{\mathrm{g}} e^{-i\Omega\tau_g} - \boldsymbol{D}_{\mathrm{w}} e^{-i\Omega\tau_w})^{-1} \frac{f}{2} e^{i\Omega T_0}$$

$$(6 - 18)$$

将方程（6 - 17）代入方程（6 - 16）后可以得到

$$\frac{\partial \boldsymbol{y}_1}{\partial T_0} - (\boldsymbol{A} + \boldsymbol{D}_{\mathrm{g}} e^{-i\omega\tau_g} + \boldsymbol{D}_{\mathrm{w}} e^{-i\omega\tau_w}) \boldsymbol{y}_1$$

$$= \begin{pmatrix} 0 \\ 0 \\ u_3 \\ u_4 \end{pmatrix} B e^{i\omega T_0} + \begin{pmatrix} v_1 \\ v_2 \\ v_3 \\ v_4 \end{pmatrix} \frac{\partial B}{\partial T_1} e^{i\omega T_0} + \begin{pmatrix} 0 \\ 0 \\ s_3 \\ s_4 \end{pmatrix} B \bar{B}$$

$$+ \begin{bmatrix} 0 \\ 0 \\ w_3 \\ w_4 \end{bmatrix} B^2 e^{i2\omega T_0} + \begin{bmatrix} 0 \\ 0 \\ m_3 \\ m_4 \end{bmatrix} f^2 + \begin{bmatrix} 0 \\ 0 \\ n_3 \\ n_4 \end{bmatrix} f^2 e^{i2\Omega T_0} + \begin{bmatrix} 0 \\ 0 \\ p_3 \\ p_4 \end{bmatrix} fB e^{i(\omega+\Omega)T_0}$$

$$+ \begin{bmatrix} 0 \\ 0 \\ q_3 \\ q_4 \end{bmatrix} fB e^{i(\omega-\Omega)T_0} + \text{c. c.} \tag{6-19}$$

其中

$$u_3 = w_{gc}(\kappa_1+\kappa_c)(r_2-1-(r_2 e^{-i\omega\tau_w}-e^{-i\omega\tau_w})-g(r_2 e^{-i\omega\tau_g}-e^{-i\omega\tau_g})),$$

$$v_3 = w_{gc}(\kappa_1+\kappa_c)(r_2 e^{-i\omega\tau_w}\tau_w-e^{-i\omega\tau_w}\tau_w+gr_2 e^{-i\omega\tau_g}\tau_g-ge^{-i\omega\tau_g}\tau_g)-r_3,$$

$$s_3 = 2\kappa_2 w_{gc}(r_2-1-(r_2 e^{-i\omega\tau_w}-e^{-i\omega\tau_w})-g(r_2 e^{-i\omega\tau_g}-e^{-i\omega\tau_g}))$$
$$\times(\bar{r}_2-1-(\bar{r}_2 e^{i\omega\tau_w}-e^{i\omega\tau_w})-g(\bar{r}_2 e^{i\omega\tau_g}-e^{i\omega\tau_g})),$$

$$w_3 = \kappa_2 w_{gc}(r_2-1-(r_2 e^{-i\omega\tau_w}-e^{-i\omega\tau_w})-g(r_2 e^{-i\omega\tau_g}-e^{-i\omega\tau_g}))^2,$$

$$m_3 = 2\kappa_2 w_{gc}(h_2-h_1-(h_2 e^{-i\Omega\tau_w}-h_1 e^{-i\Omega\tau_w})-g(h_2 e^{-i\Omega\tau_g}-h_1 e^{-i\Omega\tau_g}))$$
$$\times(\bar{h}_2-\bar{h}_1-(\bar{h}_2 e^{i\Omega\tau_w}-\bar{h}_1 e^{i\Omega\tau_w})-g(\bar{h}_2 e^{i\Omega\tau_g}-\bar{h}_1 e^{i\Omega\tau_g})),$$

$$n_3 = \kappa_2 w_{gc}(h_2-h_1-(h_2 e^{-i\Omega\tau_w}-h_1 e^{-i\Omega\tau_w})-g(h_2 e^{-i\Omega\tau_g}-h_1 e^{-i\Omega\tau_g}))^2,$$

$$p_3 = 2\kappa_2 w_{gc}(r_2-1-(r_2 e^{-i\omega\tau_w}-e^{-i\omega\tau_w})-g(r_2 e^{-i\omega\tau_g}-e^{-i\omega\tau_g}))$$
$$\times(h_2-h_1-(h_2 e^{-i\Omega\tau_w}-h_1 e^{-i\Omega\tau_w})-g(h_2 e^{-i\Omega\tau_g}-h_1 e^{-i\Omega\tau_g})),$$

$$q_3 = 2\kappa_2 w_{gc}(r_2-1-(r_2 e^{-i\omega\tau_w}-e^{-i\omega\tau_w})-g(r_2 e^{-i\omega\tau_g}-e^{-i\omega\tau_g}))$$
$$\times(\bar{h}_2-\bar{h}_1-(\bar{h}_2 e^{i\Omega\tau_w}-\bar{h}_1 e^{i\Omega\tau_w})-g(\bar{h}_2 e^{i\Omega\tau_g}-\bar{h}_1 e^{i\Omega\tau_g})),$$

$$u_4 = -\gamma u_3, v_1 = -1, v_2 = -r_2, v_4 = -\gamma(v_3+r_3)-r_4, s_4 = -\gamma s_3,$$

$$w_4 = -\gamma w_3, m_4 = -\gamma m_3, n_4 = -\gamma n_3, p_4 = -\gamma p_3, q_4 = -\gamma q_3,$$

$$B = B(T_1, T_2),$$

且有 $\overline{\cdot}$ 代表 $\cdot$ 的复共轭。

如前面所说,方程(6 - 19)有解的充分必要条件是其中的长期项要全部被消除,即其中所有和 $e^{i\omega T_0}$ 成比例的项都应该被消去。为此,引入一个特解 $\boldsymbol{y}_1^*$ 使其满足

$$\frac{\partial \boldsymbol{y}_1^*}{\partial T_0} - (\boldsymbol{A} + \boldsymbol{D}_{\mathbf{g}} e^{-i\omega \tau_g} + \boldsymbol{D}_{\mathbf{w}} e^{-i\omega \tau_w}) \boldsymbol{y}_1^* = \begin{pmatrix} 0 \\ 0 \\ u_3 \\ u_4 \end{pmatrix} B e^{i\omega T_0} + \begin{pmatrix} v_1 \\ v_2 \\ v_3 \\ v_4 \end{pmatrix} \frac{\partial B}{\partial T_1} e^{i\omega T_0}$$

$$(6 - 20)$$

根据 Fredholm 定理 $\boldsymbol{y}_1^*$ 存在的充分必要条件是以下方程被满足:

$$\boldsymbol{l} \cdot \left(\begin{pmatrix} 0 \\ 0 \\ u_3 \\ u_4 \end{pmatrix} B e^{i\omega T_0} + \begin{pmatrix} v_1 \\ v_2 \\ v_3 \\ v_4 \end{pmatrix} \frac{\partial B}{\partial T_1} e^{i\omega T_0} \right) = 0 \qquad (6 - 21)$$

其中 $\boldsymbol{l} = (1, l_2, l_3, l_4)$ 是对应于临界情况时的一个左特征向量,即它是以下方程的解:

$$\boldsymbol{l} \cdot (i\omega \boldsymbol{I} - \boldsymbol{A} - \boldsymbol{D}_{\mathbf{g}} e^{-i\omega \tau_g} - \boldsymbol{D}_{\mathbf{w}} e^{-i\omega \tau_w}) = 0 \qquad (6 - 22)$$

求解方程(6 - 21)可以得到 $B(T_1, T_2)$ 需要满足的微分方程为

$$\frac{\partial B}{\partial T_1} = \frac{l_3 u_3 + l_4 u_4}{v_1 + l_2 v_2 + l_3 v_3 + l_4 v_4} B \qquad (6 - 23)$$

同时,在消除了方程(6 - 19)中的长期项以后,可以直接求解方程(6 - 19)得到

$$y_1 = S \cdot \begin{pmatrix} 0 \\ 0 \\ s_3 \\ s_4 \end{pmatrix} B\bar{B} + W \cdot \begin{pmatrix} 0 \\ 0 \\ w_3 \\ w_4 \end{pmatrix} B^2 e^{i2\omega T_0} + S \cdot \begin{pmatrix} 0 \\ 0 \\ m_3 \\ m_4 \end{pmatrix} f^2 + N \cdot \begin{pmatrix} 0 \\ 0 \\ n_3 \\ n_4 \end{pmatrix} f^2 e^{i2\Omega T_0}$$

$$+ P \cdot \begin{pmatrix} 0 \\ 0 \\ p_3 \\ p_4 \end{pmatrix} f B e^{i(\omega+\Omega)T_0} + Q \cdot \begin{pmatrix} 0 \\ 0 \\ q_3 \\ q_4 \end{pmatrix} f B e^{i(\omega-\Omega)T_0} + \text{c.c.} \qquad (6-24)$$

其中

$$S = (-A - D_g - D_w)^{-1}, \quad W = (i2\omega I - A - D_g e^{-i2\omega\tau_g} - D_w e^{-i2\omega\tau_w})^{-1},$$

$$N = (i2\Omega I - A - D_g e^{-i2\Omega\tau_g} - D_w e^{-i2\Omega\tau_w})^{-1},$$

$$P = (i(\omega+\Omega)I - A - D_g e^{-i(\omega+\Omega)\tau_g} - D_w e^{-i(\omega+\Omega)\tau_w})^{-1},$$

$$Q = (i(\omega-\Omega)I - A - D_g e^{-i(\omega-\Omega)\tau_g} - D_w e^{-i(\omega-\Omega)\tau_w})^{-1} \qquad (6-25)$$

更进一步的,重复上面的流程。把方程(6-11)、方程(6-12)、方程(6-13)、方程(6-14)、方程(6-20)、方程(6-24)代入方程(6-5)并搜集其中 ε^3 项的系数,然后重复前面的分析流程,即从方程(6-19)到方程(6-25),则可以计算出 $\dfrac{\partial B}{\partial T_2}$。之后,可以通过下面的方程重构振幅函数 B 所满足的微分方程为

$$\frac{\mathrm{d}B}{\mathrm{d}\tau} = \varepsilon \frac{\partial B}{\partial T_1} + \varepsilon^2 \frac{\partial B}{\partial T_2} \qquad (6-26)$$

接下来,引入极坐标变换

$$B(T_1, T_2) = \frac{1}{2}\alpha(T_1, T_2)e^{i\beta(T_1, T_2)} + \text{c.c.} \qquad (6-27)$$

可以将方程(6-26)的实部和虚部分离为

$$\frac{\mathrm{d}\alpha}{\mathrm{d}\tau} = a_1\alpha + a_3\alpha^3, \tag{6-28}$$

$$\alpha\frac{\mathrm{d}\beta}{\mathrm{d}\tau} = b_1\alpha + b_3\alpha^3 \tag{6-29}$$

显然,方程(6-28)独立,且 α 代表颤振振幅,决定了该过程的动力学行为。如果 α 的解为正,则该过程为颤振,而如果 α 为零,则代表颤振没有发生。从方程(6-28)中可以知道,该颤振振幅存在零解 $\alpha=0$,并且当 $a_1<0$ 时,该零解稳定。因此,为了能够消除磨削颤振,需要通过调节振动控制的振幅,使得 $a_1<0$。

6.4.2 颤振控制效果

作为一个算例,本书采用该方法抑制图 6-2 中箭头 A 上所产生的颤振运动。此时有 $\omega_c=1.003$,为避开系统的共振频率,选取 $\Omega=2.7$,此时有:

$$a_1 = 2.45\times10^{-6}f^2 - 0.001f^2\kappa + 1.75\times10^{-7}w_{g\epsilon} - 1.42\times10^{-11}w_{g\epsilon}^2 \tag{6-30}$$

从方程(6-30)中可以看出,当分岔控制的强度足够大时 $(0.001\kappa>2.45\times10^{-6})$,可以通过增加振动控制的幅值 f 使得 a_1 为负。此时,系统中原本存在的磨削颤振就会消失,由非共振频率的强迫振动所替代。

为了验证上面的分析,图 6-6 给出了一个仿真算例(磨削宽度 $w_g=16\,000$,分岔控制增益 $\kappa=0.2$,振动控制幅值 $f=1$)。可以看到,磨削颤振产生以后,在 τ_1 时刻发生砂轮与工件分离的现象。在 τ_2 时刻,人为引入分岔控制,减小了颤振幅值并使得分离现象消失。在此基础上,又在 τ_3 时刻引入振动控制,进一步减小振动的幅值。

此外,图 6-7 还详细比较了各种情况下磨削振动的幅值和频率。图中

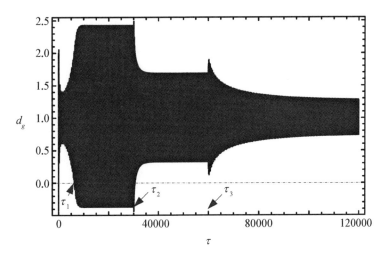

图 6-6　切削深度 d_g 的时间历程图

在颤振发生以后,工件和砂轮在 τ_1 时刻开始产生分离。在 τ_2 时刻,我们给系统附加了分岔控制,因而其颤振振幅开始减小,并且砂轮与工件分离的现象消失。在 τ_3 时刻,振动控制被引入系统,其效果使得系统的振动幅值进一步的减小。

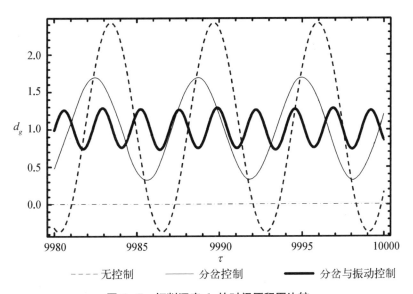

图 6-7　切削深度 d_g 的时间历程图比较

虚线是未施加控制时切削深度的时间历程,具有较大的振幅。细实线代表施加了分岔控制以后的时间历程图,与前者相比具有相同的频率和较小的振幅。粗实线代表同时施加分岔控制与振动控制以后的时间历程图,此时的频率不同于前面两者,其振幅也最小。

的虚线显示了磨削颤振时切削深度的波动具有最大的振幅,且产生了工件与砂轮分离的现象。细实线则表明了分岔控制可以有效地减小颤振的振幅,并且避免了分离现象的发生,而系统颤振的频率并没有被改变。最后,粗实线则反映了同时施加分岔控制和振动控制的效果,得到振动具有更小的振幅,并且其频率也被改变。这一结果表明系统原本的颤振已经被振动控制抑制下来,而残留的小幅振动则是由另一个频率的外激励($\Omega = 2.7$)所诱发的受迫振动。

6.5 本 章 小 结

本章继续改进所采用的磨削颤振动力学模型,并基于此模型讨论了磨削颤振的产生过程,并引入了两种控制方法来削弱磨削颤振。主要内容如下:

(1) 引入新的磨削力模型,可以讨论磨削加工过程中切削力和摩擦力对磨削动力学行为的影响。应用此模型和第 2 章中的延拓算法,讨论了工件转速和磨削宽度对于磨削稳定性的影响,并得到了和第 5 章中类似的结论。

(2) 综合采用多尺度分析、DDEBIFTOOL 和数值模拟,发现磨削加工中的颤振仍然多经由亚临界的 Hopf 分岔产生。为了消除亚临界 Hopf 分岔对磨削稳定性的不利影响,引入了分岔控制的思想,从局部和全局出发,讨论了增大控制增益对于减小颤振振幅、增加可用参数区域的正面效果。

(3) 在分岔控制的基础上继续引入振动控制,通过调节振动控制的频率和振幅,消除了系统中原本存在的大振幅颤振,用小振幅的受迫振动将其替代,从而进一步削弱磨削加工过程中振动的强度。

第7章

结论与展望

7.1 结　　论

本书从动力学的角度出发,讨论了切入式和往复式磨削加工过程中的磨削稳定性和磨削颤振问题,并使用了不同的控制策略来减小或者消除磨削加工中的颤振。主要的结论如下:

(1) 基于特征值分析,给出了一种延拓的算法,用于分析具有多时滞的磨削稳定性问题,并找出了磨削稳定性边界。采用此方法,分析了切入式和往复式磨削加工的稳定性。并尝试采用不同的磨削力模型,包括第 2、3章中简单线性磨削,第 4 章、第 5 章中 Werner[170]的磨削,以及第 6 章中 Li和 Fu[198]的模型,发现不同的磨削力模型对于磨削稳定性的影响非常相似,总之较小的磨削力对保持磨削稳定性具有积极的作用,而砂轮和工件的转速则会周期性地影响磨削稳定性,导致稳定性切换的现象发生。

(2) 基于分岔理论,采用多尺度方法、DDEBIFTOOL 和数值模拟,讨论了磨削加工失稳以后系统中可能出现的磨削颤振,找到了简单的超临界 Hopf 分岔。然而第 3、4、5 和 6 章的结果表明不论采用何种磨削力模型,或者是否考虑砂轮和工件失去接触的情况,磨削加工中最常见的失稳模式仍是更为复杂的亚临界 Hopf 分岔。因此,第 3 章基于 Bautin 分岔的思想将线性稳定区域分割成条件稳定和无条件稳定区域,说明了条件稳定区域中的磨削动力学行为不仅仅取决于系统的参数,还决定于系统的初始状态。

(3) 相比切入式磨削,第 4 章专门讨论了往复式磨削加工的稳定性及颤振问题。由于往复式磨削中砂轮的横移速度往往非常小,本书采用了准静态的思想对其进行了稳定性分析和分岔分析,并最终"组装"这些分岔图,得到了往复式磨削加工中独有的磨削颤振动力学行为。这里将砂轮颤振和工件颤振的现象分开讨论,指出砂轮颤振是连续的,不会受到砂轮平移运动的影响。然而工件颤振是间歇性的,当砂轮平移到工件中心时工件颤振具有最大的振幅,而当砂轮远离工件中心并移向两端时工件颤振则会逐渐消失。

(4) 在分析了磨削稳定性和磨削颤振以后,本书致力于引入不同的控制策略来减弱或者消除磨削颤振。这些控制策略包括第 5 章中的变转速控制,以及第 6 章中的分岔控制和振动控制。第 5 章用周期时变的砂轮和工件转速替代定常转速,并通过多尺度分析找到了消除磨削颤振的最佳策略,即使得两个转速的变化具有相同的频率以及相差半个周期的相角。在第 6 章中,又引入了分岔控制的思想,这种非线性控制的方法可以消除亚临界 Hopf 分岔对磨削稳定性带来的不利影响并减小磨削过程中颤振的振幅,结果表明它并不会影响颤振的频率。在此基础上,进一步引入了振动控制,通过增大振动控制的幅值,进一步地减小了磨削颤振的幅值。与分岔控制有所不同的是,振动控制的原理在于用小振幅的受迫振动来替代大振幅的磨削颤振,因此最终的振动和颤振相比具有不同的频率。

7.2 进一步工作的方向

本书已取得了一些初步的成果,然而并未能回答关于磨削颤振的全部

问题。例如,相关的研究可以从以下几个方面进行更为深入的探讨:

(1) 目前的研究集中于磨削稳定性和磨削颤振,主要方法是基于摄动法的余维一 Hopf 分岔。然而,磨削过程中是否会产生诸如概周期和混沌等复杂的非线性振动还犹未知。

(2) 现在的磨削力模型仅仅考虑了砂轮和工件的法向力,而摩擦力和工件的切向运动还没有考虑,与此相关的摩擦颤振和扭转颤振等磨削动力学还需要进一步思考。

(3) 当前的研究中主要考虑了工件的第一阶模态的振动,而如第 4 章所示,较大的磨削刚度会引发工件更高阶模态的振动,相关的动力学还没有被讨论。

(4) 关于磨削力的模型忽略了砂轮自身的特性——其表面一般非常不平整,这一特性会使得磨削过程中的磨削力具有随机的特点,这一特点是否会对磨削稳定性和磨削颤振带来新的影响还不可知。

(5) 如第 3 章中的结果,颤振相图表明砂轮和工件的运动往往是相向的,然而并不知道不同的系统参数是否能够引起新的同步特性,例如是否能够产生所谓的"涡动"。

(6) 颤振往往使得工件与砂轮之间失去接触,而这种现象又会使得在砂轮和工件之间产生冲击和碰撞现象,这种冲击和碰撞是否会对颤振动力学行为带来影响也需要进一步的探讨。

(7) 目前的变转速控制和振动控制都能够在小的参数范围有效地抑制颤振的产生,而在较大的参数区间中却不见得能够发挥有效的作用,关于颤振控制方面的问题和控制策略等都需要更多的思考。

(8) 对于砂轮与工件失去接触,目前本书仅仅考虑了它会使得即时的磨削力变为零。除此以外,还需要考虑到失去接触的时候工件和砂轮的表面不会再生,相应的时滞就会由它们的一个选择周期转变为两个、三个乃至更多,此效应对于磨削颤振动力学的影响还需要进一步的分析。

（9）显然，目前的研究还停留在理论分析的阶段，距离工程实践还有非常大的一段距离。后期的研究工作会逐渐向实验乃至实践方面去发展。具体来说，需要考虑实验(实践)过程中机床本身参数的测定，数据的采集、处理以及分析。此外，关于减振控制的相关策略，也需要进一步研究如何在实际加工过程中设计控制装置以及选择控制参数。

参考文献

［1］ 陆建中,孙家宁.金属切削原理与刀具[M].4版.北京：机械工业出版社,2005.

［2］ 上海市金属切削技术协会.金属切削手册[M].3版.上海：上海科学技术出版社,2000.

［3］ Al-Regib E，Ni J. Chatter detection in machining using nonlinear energy Operator［J］. Journal of Dynamic Systems Measurement and Control-Transactions of the Asme，2010，132(3)：34502.

［4］ Arnold R N. The mechanism of tool vibration in the cutting of steel[C]// Archive：Proceedings of The Institution of Mechanical Engineers，1946，154：261-284.

［5］ Chen C K，Tsao Y M. A stability analysis of regenerative chatter in turning process without using tailstock［J］. International Journal of Advanced Manufacturing Technology，2006，29(7-8)：648-654.

［6］ Elias J，Rajesh V G，Narayanan N V N. Recurrence quantification analysis applied to sequential speckle images of machined surface for detection of chatter in turning[J]. Interferometry XIV：Applications，2008，7064：706408.

［7］ Eynian M，Altintas Y. Chatter stability of general turning operations with process damping［J］. Journal of Manufacturing Science and Engineering-Transactions of the Asme，2009，131(4)：41005.

[8] Kalmar-Nagy T, Stepan G, Moon F C. Subcritical Hopf bifurcation in the delay equation model for machine tool vibrations[J]. Nonlinear Dynamics, 2001, 26 (2): 121-142.

[9] Khalifa O O, Densibali A, Faris W. Image processing for chatter identification in machining processes [J]. International Journal of Advanced Manufacturing Technology, 2006, 31(5-6): 443-449.

[10] Khorasani A M, Aghchai A J, Khorram A. Chatter prediction in turning process of conical workpieces by using case-based resoning (CBR) method and taguchi design of experiment [J]. International Journal of Advanced Manufacturing Technology, 2011, 55(5-8): 457-464.

[11] Kim D H, Song J Y, Cha S K, et al. The development of embedded device to detect chatter vibration in machine tools and CNC-based autonomous compensation[J]. Journal of Mechanical Science and Technology, 2011, 25(10): 2623-2630.

[12] Kim P, Bae S, Seok J. Bifurcation analysis on a turning system with large and state-dependent time delay[J]. Journal of Sound and Vibration, 2012, 331(25): 5562-5580.

[13] Kim S, Campbell S A, Liu X Z. Stability of a class of linear switching systems with time delay[J]. Ieee Transactions on Circuits and Systems I-Regular Papers, 2006, 53(2): 384-393.

[14] Kurata Y, Merdol S D, Altintas Y, et al. Chatter stability in turning and milling with in process identified process damping[J]. Journal of Advanced Mechanical Design Systems and Manufacturing, 2010, 4(6): 1107-1118.

[15] Nair U, Krishna B M, Namboothiri V N N, et al. Permutation entropy based real-time chatter detection using audio signal in turning process[J]. International Journal of Advanced Manufacturing Technology, 2010, 46(1-4): 61-68.

[16] Namachchivaya N S, Van Roessel H J. A centre-manifold analysis of variable speed machining[J]. Dynamical Systems-an International Journal, 2003, 18(3):

245 - 270.

[17] Ozlu E, Budak E. Analytical modeling of chatter stability in turning and boring operations — Part II: Experimental verification[J]. Journal of Manufacturing Science and Engineering-Transactions of the Asme, 2007, 129(4): 733 - 739.

[18] Piotrowska I, Brandt C, Karimi H R, et al. Mathematical model of micro turning process [J]. International Journal of Advanced Manufacturing Technology, 2009, 45(1 - 2): 33 - 40.

[19] Suzuki N, Nishimura K, Shamoto E, et al. Effect of Cross Transfer Function on Chatter Stability in Plunge Cutting[J]. Journal of Advanced Mechanical Design Systems and Manufacturing, 2010, 4(5): 883 - 891.

[20] Vela-Martineza L, Jauregui-Correa J C, Rubio-Cerda E, et al. Analysis of compliance between the cutting tool and the workpiece on the stability of a turning process[J]. International Journal of Machine Tools & Manufacture, 2008, 48(9): 1054 - 1062.

[21] Yu S D, Shah V. Theoretical and Experimental Studies of Chatter in Turning for Uniform and Stepped Workpieces [J]. Journal of Vibration and Acoustics-Transactions of the Asme, 2008, 130(6): 61005.

[22] Eynian M, Altintas Y. Analytical Chatter Stability of Milling With Rotating Cutter Dynamics at Process Damping Speeds [J]. Journal of Manufacturing Science and Engineering-Transactions of the Asme, 2010, 132(2): 21012.

[23] Faassen R P H, van de Wouw N, Nijmeijer H, et al. An Improved Tool Path Model Including Periodic Delay for Chatter Prediction in Milling[J]. Journal of Computational and Nonlinear Dynamics, 2007, 2(2): 167 - 179.

[24] Ganguli A, Deraemaeker A, Romanescu I, et al. Simulation and active control of chatter in milling via a mechatronic simulator[J]. Journal of Vibration and Control, 2006, 12(8): 817 - 848.

[25] Insperger T, Gradisek J, Kalveram M, et al. Machine tool chatter and surface location error in milling processes[J]. Journal of Manufacturing Science and

Engineering-Transactions of the Asme, 2006, 128(4): 913 – 920.

[26] Ko J H, Shaw K C. Chatter prediction based on frequency domain solution in CNC pocket milling [J]. International Journal of Precision Engineering and Manufacturing, 2009, 10(4): 19 – 25.

[27] Li Z Q. Chatter stability limits simulation and experimental research on medium and low speed peripheral milling[J]. 2009 International Conference on Measuring Technology and Mechatronics Automation, 2009: Ii 204 – 207.

[28] Long X H, Balachandran B. Stability analysis for milling process[J]. Nonlinear Dynamics, 2007, 49(3): 349 – 359.

[29] Long X H, Balachandran B, Mann B. Dynamics of milling processes with variable time delays[J]. Nonlinear Dynamics, 2007, Vol. 47(1): 49 – 63.

[30] Mascardelli B A, Park S S, Freiheit T. Substructure coupling of microend mills to aid in the suppression of chatter[J]. Journal of Manufacturing Science and Engineering-Transactions of the Asme, 2008, 130(1): 11010.

[31] Park S S, Qin Y M. Robust regenerative chatter stability in machine tools[J]. International Journal of Advanced Manufacturing Technology, 2007, 33(3 – 4): 389 – 402.

[32] Patwari M A U, Amin A K M N, Faris W F. Influence of chip serration frequency on chatter formation during end milling of Ti6Al4V[J]. Journal of Manufacturing Science and Engineering-Transactions of the Asme, 2011, 133 (1): 11013.

[33] Quintana G, Campa F J, Ciurana J, et al. Productivity improvement through chatter-free milling in workshops [C]//Proceedings of the Institution of Mechanical Engineers Part B-Journal of Engineering Manufacture, 2011, 225 (B7): 1163 – 1174.

[34] Routara B C, Bandyopadhyay A, Sahoo P. Roughness modeling and optimization in CNC end milling using response surface method: effect of workpiece material variation[J]. International Journal of Advanced Manufacturing Technology,

2009, 40(11 - 12): 1166 - 1180.

[35] Tsai N C, Chen D C, Lee R M. Chatter prevention and improved finish of workpiece for a milling process[C]//Proceedings of the Institution of Mechanical Engineers Part B-Journal of Engineering Manufacture, 2010, 224 (B4): 579 - 588.

[36] Tsai N C, Chen D C, Lee R M. Chatter prevention for milling process by acoustic signal feedback[J]. International Journal of Advanced Manufacturing Technology, 2010, 47(9 - 12): 1013 - 1021.

[37] van Dijk N J M, Doppenberg E J J, Faassen R P H, et al. Automatic in-process chatter avoidance in the high-speed milling process[J]. Journal of Dynamic Systems Measurement and Control-Transactions of the Asme, 2010, 132(3): 31006.

[38] Campbell S A, Stone E. Analysis of the chatter instability in a nonlinear model for drilling[J]. Journal of Computational and Nonlinear Dynamics, 2006, 1(4): 294 - 306.

[39] Chu Q, Luo P Y, Zhao Q F, et al. Application of a new family of organosilicon quadripolymer as a fluid loss additive for drilling fluid at high temperature[J]. Journal of Applied Polymer Science, 2013, Vol. 128(1): 28 - 40.

[40] Glassey C B, Clark C, Roach C G, et al. Herbicide application and direct drilling improves establishment and yield of chicory and plantain[J]. Grass And Forage Science, 2013, 68(1): 178 - 185.

[41] Karimi N Z, Heidary H, Minak G, et al. Effect of the drilling process on the compression behavior of glass/epoxy laminates[J]. Composite Structures, 2013, 98: 59 - 68.

[42] Miller J, Eneyew E D, Ramulu M. Machining and drilling of carbon fiber reinforced plastic (CFRP) composites [J]. Sampe Journal, 2013, 49 (2): 36 - 46.

[43] Rajamurugan T V, Shanmugam K, Palanikumar K. Analysis of delamination in

drilling glass fiber reinforced polyester composites[J]. Materials & Design, 2013, 45: 80 - 87.

[44] Rebiai C, Belounar L. A new strain based rectangular finite element with drilling rotation for linear and nonlinear analysis[J]. Archives of Civil And Mechanical Engineering, 2013, 13(1): 72 - 81.

[45] Yenilmez A, Rincon D, Tansel I N, et al. Estimation of the chatter zones of drilled holes by using s-transformation[J]. International Journal of Advanced Manufacturing Technology, 2007, 31(7 - 8): 638 - 644.

[46] Altintas Y, Weck M. Chatter stability of metal cutting and grinding[J]. Cirp Annals-Manufacturing Technology, 2004, 53(2): 619 - 642.

[47] Aurich J C, Braun O, Warnecke G. Development of a superabrasive grinding wheel with defined grain structure using kinematic simulation[J]. Cirp Annals-Manufacturing Technology, 2003, 52(1): 275 - 280.

[48] Badger J, Murphy S, O'Donnell G. The effect of wheel eccentricity and run-out on grinding forces, waviness, wheel wear and chatter[J]. International Journal of Machine Tools & Manufacture, 2011, 51(10 - 11): 766 - 774.

[49] Balasz B, Krolikowski T. Advanced kinematic-geometrical model of grinding processes[C]//5th Industrial Simulation Conference 2007, 2007: 137 - 141.

[50] Cao L X, Wu H J, Liu J. Kinematic analysis of face grinding process at lapping machines[J]. Advances in Abrasive Technology Viii, 2005, 291 - 292: 145 - 150.

[51] Han Q K, Wen B C. Nonlinearity analysis and wavelet package transform of measured chatter vibrations in grinding process[J]. Advances in Grinding and Abrasive Technology Xiv, 2008, 359 - 360: 494 - 498.

[52] Han Q K, Yu T, Zhang Z W, et al. Nonlinear stability and bifurcation of multi-DOF chatter system in grinding process[J]. Advances in Grinding and Abrasive Technology Xiii, 2006, 304 - 305: 141 - 145.

[53] Lee M K, Park K W, Choi B O. Kinematic and dynamic models of hybrid robot

manipulator for propeller grinding[J]. Journal of Robotic Systems, 1999, 16 (3): 137 – 150.

[54] Miller M H, Dow T A. Influence of the grinding wheel in the ductile grinding of brittle materials: Development and verification of kinematic based model[J]. Journal of Manufacturing Science and Engineering-Transactions of the Asme, 1999, 121(4): 638 – 646.

[55] Nankov M. Kinematic and geometric similarity of methods for cylindrical grinding[J]. Industrial Diamond Review, 2001, 61(4): 266 – 270.

[56] Tawakoli T, Rasifard A, Rabiey M. High-efficiency internal cylindrical grinding with a new kinematic [J]. International Journal of Machine Tools & Manufacture, 2007, 47(5): 729 – 733.

[57] Tsai M H, Lin S F, Tsai Y C. Diagnoses of the operational errors of a threaded-wheel grinder in the grinding of spur gears using kinematic transmission errors [J]. Journal of Materials Processing Technology, 1998, 75(1 – 3): 190 – 197.

[58] Zlatarov A P. Selection of an efficient schematic kinematic cutting diagram for finish-grinding of members of multiple-angled joints[J]. Chemical and Petroleum Engineering, 1997, 33(1): 103 – 107.

[59] Zou P, Yang X L. Kinematic analysis of a biglide parallel grinder for helical drill point grinding[C]//Progress of Machining Technology, 2002: 564 – 569.

[60] Oliveira J F G, Silva E J, Guo C, et al. Industrial challenges in grinding[J]. Cirp Annals-Manufacturing Technology, 2009, 58(2): 663 – 680.

[61] Oliveira J F G, Franca T V, Wang J P. Experimental analysis of wheel/workpiece dynamic interactions in grinding [J]. Cirp Annals-Manufacturing Technology, 2008, 57(1): 329 – 332.

[62] Brecher C, Esser M, Witt S. Interaction of manufacturing process and machine tool[J]. Cirp Annals-Manufacturing Technology, 2009, 58(2): 588 – 607.

[63] Grzesik W. The influence of thin hard coatings on frictional behaviour in the orthogonal cutting process[J]. Tribology International, 2000, 33(2): 131 – 140.

[64] Hastings W F, Mathew P, Oxley P L B. A machining theory for predicting chip geometry, cutting forces etc. from work material properties and cutting conditions [C]//Proceedings of the Royal Society of London [J]. A. Mathematical and Physical Sciences, 1980, 371(1747): 569 - 587.

[65] Warmiński J, Litak G, Cartmell M P, et al. Appoximate analytical solutions for primary chatter in the non-linear metal cutting model[J]. Journal of Sound and Vibration, 2003, 259(4): 917 - 933.

[66] Wiercigroch M, Budak E. Sources of nonlinearities, chatter generation and suppression in metal cutting[J]. Philosophical Transactions of the Royal Society of London. Series A: Mathematical, Physical and Engineering Sciences, 2001, 359(1781): 663 - 693.

[67] Wiercigroch M, Krivtsov A M. Frictional chatter in orthogonal metal cutting [J]. Philosophical Transactions of the Royal Society of London. Series A: Mathematical, Physical and Engineering Sciences, 2001, 359(1781): 713 - 738.

[68] Khraisheh M K, Pezeshki C, Bayoumi A E. Time series based analysis for primary chatter in metal cutting[J]. Journal of Sound and Vibration, 1995, 180 (1): 67 - 87.

[69] Xie Q Z, Zhang Q C, Han J X. Hopf bifurcation for delay differential equation with application to machine tool chatter[J]. Applied Mathematical Modelling, 2012, 36(8): 3803 - 3812.

[70] Zhang X J, Xiong C H, Ding Y, et al. Milling stability analysis with simultaneously considering the structural mode coupling effect and regenerative effect[J]. International Journal of Machine Tools & Manufacture, 2012, 53(1): 127 - 140.

[71] Perez-Canales D, Vela-Martinez L, Jauregui-Correa J C, et al. Analysis of the entropy randomness index for machining chatter detection [J]. International Journal of Machine Tools & Manufacture, 2012, 62: 39 - 45.

[72] Siddhpura M, Paurobally R. A review of chatter vibration research in turning

[J]. International Journal of Machine Tools & Manufacture, 2012, 61: 27-47.

[73] Eksioglu C, Kilic Z M, Altintas Y. Discrete-time prediction of chatter stability, cutting forces, and surface location errors in flexible milling systems[J]. Journal of Manufacturing Science And Engineering-Transactions of The ASME, 2012, 134: 61006.

[74] Kim P, Bae S, Seok J. Bifurcation analysis on a turning system with large and state-dependent time delay[J]. Journal of Sound And Vibration, 2012, 331(25): 5562-5580.

[75] Moradi H, Bakhtiari-Nejad F, Movahhedy M R, et al. Stability improvement and regenerative chatter suppression in nonlinear milling process via tunable vibration absorber[J]. Journal of Sound And Vibration, 2012, 331(21): 4668-4690.

[76] Moradi H, Movahhedy M R, Vossoughi G. Dynamics of regenerative chatter and internal resonance in milling process with structural and cutting force nonlinearities[J]. Journal of Sound And Vibration, 2012, 331(16): 3844-3865.

[77] Nayfeh A H, Nayfeh N A. Time-delay feedback control of lathe cutting tools [J]. Journal of Vibration and Control, 2012, 18(8): 1106-1115.

[78] Moradi H, Movahhedy M R, Vossoughi G. Tunable vibration absorber for improving milling stability with tool wear and process damping effects[J]. Mechanism And Machine Theory, 2012, 52: 59-77.

[79] Kim P, Seok J. Bifurcation analyses on the chatter vibrations of a turning process with state-dependent delay[J]. Nonlinear Dynamics, 2012, 69(3): 891-912.

[80] Litak G, Schubert S, Radons G. Nonlinear dynamics of a regenerative cutting process[J]. Nonlinear Dynamics, 2012, 69(3): 1255-1262.

[81] Atay F M. Complex Time-Delay Systems: Theory and Applications[M]. New York: Springer, 2010.

[82] Nandakumar K, Wiercigroch M. Galerkin projections for state-dependent delay differential equations with applications to drilling[J]. Applied Mathematical

Modelling, 2012, 4(37): 1705 - 1722.

[83] Hu H Y, Wang Z H. Stability analysis of damped SDOF systems with two time delays in state feedback[J]. Journal of Sound and Vibration, 1998, 214(2): 213 -225.

[84] Chen Y M, Liu J K. A modified mickens iteration procedure for nonlinear oscillator[J]. Journal of Sound and Vibration, 2008, 314: 465 - 473.

[85] Chatterjee S. Self-excited oscillation under nonlinear feedback with time-delay [J]. Journal of Sound and Vibration, 2011, 330(9): 1860 - 1876.

[86] Campbell S A, Jessop R. Approximating the stability region for a differential equation with a distributed delay [J]. Mathematical Modelling of Natural Phenomena, 2009, 4(2): 1 - 27.

[87] Masoud Z N, Nayfeh A H. Sway reduction on container cranes using delayed feedback controller[J]. Nonlinear Dynamics, 2003, 34: 347 - 358.

[88] Campbell S A, Yuan Y. Zero singularities of codimension two and three in delay differential equations[J]. Nonlinearity, 2008, 21(11): 2671 - 2691.

[89] Brown G, Postlethwaite C M, Silber M. Time-delayed feedback control of unstable periodic orbits near a subcritical Hopf bifurcation [J]. Physica D-Nonlinear Phenomena, 2011, 240: 859 - 871.

[90] Campbell S A, Ncube I, Wu J. Multistability and stable asynchronous periodic oscillations in a multiple-delayed neural system [J]. Physica D-Nonlinear Phenomena, 2006, 214(2): 101 - 119.

[91] Faye G, Faugeras O. Some Theoretical And Numerical Results for Delayed Neural Field Equations[J]. Physica D-Nonlinear Phenomena, 2010, 239: 561 -578.

[92] Gaudreault M, Drolet F, Vinals J. Analytical determination of the bifurcation thresholds in stochastic differential equations with delayed feedback[J]. Physical Review E, 2010, 82(5): 51124.

[93] Taylor S R, Campbell S A. Approximating chaotic saddles for delay differential equations[J]. Physical Review E, 2007, 75(4): 46215.

［94］ Manitius A，Tran H，Payre G，et al. Computation of eigenvalues associated with functional differetial equations［J］. SIAM Journal on Statistical Computation，1987，8(3)：222 - 246.

［95］ Wahi P，Chatterjee A. Galerkin Projections for Delay Differential Equations ［J］. Transactions of the ASME，2005，127：80 - 87.

［96］ Smith J D，Tobias S A. The dynamic cutting of metals［J］. International Journal of Machine Tool Design and Research，1961，1(4)：283 - 292.

［97］ Tobias S A. Machine tool vibration research［J］. International Journal of Machine Tool Design and Research，1961，1(1 - 2)：1 - 14.

［98］ Wang X S，Hu J，Gao J B. Nonlinear dynamics of regenerative cutting processes—Comparison of two models［J］. Chaos，Solitons ℰ Fractals，2006，29(5)：1219 - 1228.

［99］ Dohner J L，Kwan C M，Regelbrugge M E. Active chatter suppression in an octahedral hexapod milling machine：A design study［J］. Industrial And Commerical Applications of Smart Structure Technologies — Smart Structures And Materials，1996，2721：316 - 325.

［100］ Du R X，Elbestawi M A，Ullagaddi B C. Chatter detection in milling based on the probability-distribution of cutting force signal［J］. Mechanical Systems And Signal Processing，1992，6(4)：345 - 362.

［101］ Minis I，Yanushevsky R. A new theoretical approach for the prediction of machine-tool chatter in milling［J］. Journal of Engineering for Industry-Transactions of the ASME，1993，115(1)：1 - 8.

［102］ Tarng Y S，Chen M C. An Intelligent sensor for detection of milling chatter. Journal of Intelligent Manufacturing，1994，5(3)：193 - 200.

［103］ Tarng Y S，Li T C. The change of spindle speed for the avoidance of chatter in end milling［J］. Journal of Materials Processing Technology，1994，41(2)：227 -236.

［104］ Mehrabadi I M，Nouri M，Madoliat R. Investigating chatter vibration in deep drilling, including process damping and the gyroscopic effect[J]. International Journal of Machine Tools & Manufacture, 2009, 49(12 - 13): 939 - 946.

[105] Messaoud A, Weihs C, Hering F. Detection of chatter vibration in a drilling process using multivariate control charts[J]. Computational Statistics & Data Analysis, 2008, 52(6): 3208 - 3219.

[106] Roukema J C, Altintas Y. Generalized modeling of drilling vibrations. Part II: Chatter stability in frequency domain[J]. International Journal of Machine Tools & Manufacture, 2007, 47(9): 1474 - 1485.

[107] Weinert K, Webber O, Peters C. On the influence of drilling depth dependent modal damping on chatter vibration in BTA deep hole drilling[J]. CIRP Annals-Manufacturing Technology, 2005, 54(1): 363 - 366.

[108] Nakano Y, Kato H, Uetake A. Generation of chatter marks in surface grinding by using horizontal spindle-reciprocating table type machines[J]. Bulletin of The Japan Society of Precision Engineering, 1985, 19(4): 266 - 272.

[109] Pearce T. The effect of continuous dressing on the occurrence of chatter in cylindrical-grinding[J]. International Journal of Machine Tools & Manufacture, 1984, 24(2): 77 - 86.

[110] Sexton J S, Howes T D, Stone B J. The use of increased wheel flexibility to improve chatter performance in grinding[C]//Proceedings of The Institution of Mechanical Engineers, 1982, 196(SEP): 291 - 300.

[111] Hashimoto M, Marui E, Kato S. Experimental research on cutting force variation during primary chatter vibration occuring in plain milling operation[J]. International Journal of Machine Tools and Manufacture, 1996, 36(2): 183 - 201.

[112] Bukkapatnam S T S, Palanna R. Experimental characterization of nonlinear dynamics underlying the cylindrical grinding process [J]. Journal of Manufacturing Science and Engineering-Transactions of the Asme, 2004, 126 (2): 341 - 344.

[113] Garitaonandia I, Fernandes M H, Albizuri J, et al. A new perspective on the stability study of centerless grinding process [J]. International Journal of Machine Tools & Manufacture, 2010, 50(2): 165 – 173.

[114] Li H Q, Shin Y C. A time-domain dynamic model for chatter prediction of cylindrical plunge grinding processes[J]. Journal of Manufacturing Science and Engineering-Transactions of the Asme, 2006, 128(2): 404 – 415.

[115] Taylor F. On the art of cutting metals[M]. American Society of Mechanical Engineers, 1907.

[116] Tlusty J, Polacek M. The stability of machine tools against self-excited vibrations in machining[J]. International Research in Production Engineering, 1963: 465 – 474.

[117] Tobias S A. Machine Tool Vibration[M]. Glasglow: Blackie and Sons Ltd, 1965.

[118] Meritt H E. Theory of self-excited machine-tool chatter[J]. Transactions of the ASME Journal of Engineering for Industry, 1965(87): 447 – 454.

[119] Minis I, Yanushevsky R, Tembo A, et al. Analysis of Linear and Nonlinear Chatter in Milling[J]. CIRP Annals — Manufacturing Technology, 1990, 39 (1): 459 – 462.

[120] Caraballo T, Marín-Rubio P, Valero J. Attractors for differential equations with unbounded delays[J]. Journal of Differential Equations, 2007, 239(2): 311 – 342.

[121] Guo Z, Yu J. Multiplicity results for periodic solutions to delay differential equations via critical point theory[J]. Journal of Differential Equations, 2005, 218(1): 15 – 35.

[122] Hu Q, Wu J. Global Hopf bifurcation for differential equations with state-dependent delay[J]. Journal of Differential Equations, 2010, 248(12): 2801 – 2840.

[123] Mallet-Paret J, Nussbaum R D. Superstability and rigorous asymptotics in

singularly perturbed state-dependent delay-differential equations[J]. Journal of Differential Equations, 2011, 250(11): 4037 – 4084.

[124] Muroya Y. Global stability for separable nonlinear delay differential equations [J]. Computers & Mathematics with Applications, 2005, 49(11 – 12): 1913 – 1927.

[125] Muroya Y. A global stability criterion in nonautonomous delay differential equations[J]. Journal of Mathematical Analysis and Applications, 2007, 326 (1): 209 – 227.

[126] Tang X H. Asymptotic behavior of a differential equation with distributed delays[J]. Journal of Mathematical Analysis and Applications, 2005, 301(2): 313 – 335.

[127] Walther H. A periodic solution of a differential equation with state-dependent delay[J]. Journal of Differential Equations, 2008, 244(8): 1910 – 1945.

[128] Altintaş Y, Budak E. Analytical prediction of stability lobes in milling[J]. CIRP Annals — Manufacturing Technology, 1995, 44(1): 357 – 362.

[129] Stone E, Campbell S A. Stability and bifurcation analysis of a nonlinear DDE model for drilling[J]. Journal of Nonlinear Science, 2004, 14(1): 27 – 57.

[130] Nayfeh A H, Chin C M, Pratt J. Perturbation methods in nonlinear dynamics — applications to machining dynamics[J]. Journal of Manufacturing Science and Engineering-Transactions of the Asme, 1997, 119(4A): 485 – 493.

[131] Altintas Y. Analytical prediction of three dimensional chatter stability in milling [J]. JSME International Journal Series C Mechanical Systems, Machine Elements and Manufacturing, 2001, 44(3): 717 – 723.

[132] Quintana G, Ciurana J, Ferrer I, et al. Sound mapping for identification of stability lobe diagrams in milling processes[J]. International Journal of Machine Tools and Manufacture, 2009, 49(3 – 4): 203 – 211.

[133] Kotaiah K R, Srinivas J, Babu K J. Prediction of optimal stability states in inward-turning operation using genetic algorithms[J]. International Journal of

Machining and Machinability of Materials, 2010, 7(3): 193 - 207.

[134] Khachan S, Ismail F. Machining chatter simulation in multi-axis milling using graphical method[J]. International Journal of Machine Tools and Manufacture, 2009, 49(2): 163 - 170.

[135] Mann B P, Young K A, Schmitz T L, et al. Simultaneous Stability and Surface Location Error Predictions in Milling[J]. Journal of Manufacturing Science and Engineering-Transactions of the Asme, 2004, 127(3): 446 - 453.

[136] Afazov S M, Ratchev S M, Segal J, et al. Chatter modelling in micro-milling by considering process nonlinearities[J]. International Journal of Machine Tools & Manufacture, 2012, 56: 28 - 38.

[137] Imani B M, Pour M, Ghoddosian A, et al. Improved dynamic simulation of end-milling process using time series analysis[J]. Scientia Iranica, 2012, 19 (2): 294 - 302.

[138] Ning C, Haken H. Detuned lasers and the complex Lorenz equations: subcritical and supercritical Hopf bifurcations[J]. Physical Review A, 1990, 41 (7): 3826 - 3837.

[139] Nayfeh A, Chin C. Applications of perturbation methods to tool chatter dynamics[M]//Dynamics and Chaos in Manufacturing Processes, Moon F C, New York: Wiley, 1997, 193 - 213.

[140] Insperger T, Barton D A W, Stépán G. Criticality of Hopf bifurcation in state-dependent delay model of turning processes[J]. International Journal of Non-Linear Mechanics, 2008, 43(2): 140 - 149.

[141] Kim P, Jung J, Lee S, et al. Stability and bifurcation analyses of chatter vibrations in a nonlinear cylindrical traverse grinding process[J]. Journal of Sound and Vibration, 2013, 332(15): 3879 - 3896.

[142] Stépán G, Szalai R, Insperger T. Nonlinear Dynamics of High-Speed Milling Subjected to Regenerative Effect [J]. Nonlinear Dynamics of Production Systems, Radons G, Neugebauer R, Berlin: Wiley-VCH, 2004, 111 - 128.

[143] Stépán G. Modelling nonlinear regenerative effects in metal cutting. Philosophical Transactions of the Royal Society of London[J]. Series A: Mathematical, Physical and Engineering Sciences, 2001, 359(1781): 739-757.

[144] Wahi P, Chatterjee A. Self-interrupted regenerative metal cutting in turning [J]. International Journal of Non-Linear Mechanics, 2008, 43(2): 111-123.

[145] Wahi P, Chatterjee A. Regenerative tool chatter near a codimension 2 Hopf point using multiple scales[J]. Nonlinear Dynamics, 2005, 40(4): 323-338.

[146] Xu J, Chung K W, Chan C L. An efficient method for studying weak resonant double Hopf bifurcation in nonlinear systems with delayed feedbacks[J]. Siam Journal on Applied Dynamical Systems. 2007, 6(1): 29-60.

[147] Thompson R A. The dynamic behavior of surface grinding: Part 1-a mathematical treatment of surface grinding [J]. ASME Journal of Manufacturing Science and Engineering, 1971, 93(2): 485-491.

[148] González-Brambila O, Rubio E, Jáuregui J C, et al. Chattering detection in cylindrical grinding processes using the wavelet transform[J]. International Journal of Machine Tools and Manufacture, 2006, 46(15): 1934-1938.

[149] Inasaki I, Karpuschewski B, Lee H S. Grinding chatter — Origin and suppression[J]. Cirp Annals-Manufacturing Technology, 2001, 50(2): 515-534.

[150] Hashimoto F, Zhou S S, Lahoti G D, et al. Stability diagram for chatter free centerless grinding and its application in machine development [J]. CIRP Annals — Manufacturing Technology, 2000, 49(1): 225-230.

[151] Biera J, Viñolas J, Nieto F J. Time-domain dynamic modelling of the external plunge grinding process [J]. International Journal of Machine Tools and Manufacture, 1997, 37(11): 1555-1572.

[152] Mannan M A, Fan W T, J. Stone B. The effects of torsional vibration on chatter in grinding[J]. Journal of Materials Processing Technology, 1999, 89-90(0): 303-309.

[153] Hahn R S, Worcester, Mass. On the theory of regenerative chatter in precision-grinding operations[J]. Trans. ASME, 1954, 76(1): 593.

[154] Wazwaz A. The combined Laplace transform—Adomian decomposition method for handling nonlinear Volterra integro — differential equations [J]. Applied Mathematics and Computation, 2010, 216(4): 1304-1309.

[155] Snoeys R, Brown D. Dominating parameters in grinding wheel and workpiece regenerative chatter [C]//Proceedings of the Eighth North American Manufacturing Research Conference. University of Missouri-Rolla: 1969, 325-348.

[156] Feliu S, Galván J C, Morcillo M. The charge transfer reaction in Nyquist diagrams of painted steel[J]. Corrosion Science, 1990, 30(10): 989-998.

[157] Thompson R A. On the doubly regenerative stability of a grinder: the effect of contact stiffness and wave filtering[J]. ASME Journal of Engineering for Industry, 1992, 114(1): 53-60.

[158] Thompson R A. On the doubly regenerative stability of a grinder: the mathematica analysis of chatter growth[J]. ASME Journal of Engineering for Industry, 1986, 108: 83-92.

[159] Thompson R A. On the doubly regenerative stability of a grinder: the theory of chatter growth[J]. ASME Journal of Engineering for Industry, 1986, 108(2): 75-82.

[160] Thompson R A. On the doubly regenerative stability of a grinder: the combined effect of wheel and workpiece speed [J]. ASME Journal Engineering for Industry, 1977, 99(1): 237-241.

[161] Thompson R A. On the doubly regenerative stability of a grinder. ASME Journal of Engineering for Industry, 1974, 96(1): 275-280.

[162] Li H Q, Shin Y C. Wheel regenerative chatter of surface grinding[J]. Journal of Manufacturing Science and Engineering-Transactions of the Asme, 2006, 128(2): 393-403.

[163] Weck M, Hennes N, Schulz A. Dynamic behaviour of cylindrical traverse grinding processes[J]. Cirp Annals-Manufacturing Technology, 2001, 50(1): 213 – 216.

[164] Miyashita M, Hashimoto F, Kanai A, et al. Diagram for selecting chatter free conditions of centerless grinding [J]. CIRP Annals — Manufacturing Technology, 1982, 31(1): 221 – 223.

[165] Hashimoto F, Kanai A, Miyashita M, et al. Growing mechanism of chatter vibrations in grinding processes and chatter stabilization index of grinding wheel [J]. CIRP Annals — Manufacturing Technology, 1984, 33(1): 259 – 263.

[166] Nieto F J, Etxabe J M, Gimenez J G. Influence of contact loss between workpiece and grinding wheel on the roundness errors in centreless grinding[J]. International Journal of Machine Tools & Manufacture, 1998, 38(10 – 11): 1371 – 1398.

[167] Yuan L, Keskinen E, Jarvenpaa V M. Stability analysis of roll grinding system with double time delay effects[J]. IUTAM Symposium on Vibration Control of Nonlinear Mechanisms and Structures, Proceedings, 2005, 130: 375 – 387.

[168] Liu Z H, Payre G. Stability analysis of doubly regenerative cylindrical grinding process[J]. Journal of Sound and Vibration, 2007, 301(3 – 5): 950 – 962.

[169] Chung K, Liu Z. Nonlinear analysis of chatter vibration in a cylindrical transverse grinding process with two time delays using a nonlinear time transformation method[J]. Nonlinear Dynamics, 2011, 66(4): 441 – 456.

[170] Werner G. Influence of work material on grinding forces[J]. Annals of CIRP, 1978(27): 243 – 248.

[171] Xu Z, Chan H S Y, Chung K W. Separatrices and limit cycles of strongly nonlinear oscillators by the perturbation-incremental method [J]. Nonlinear Dynamics, 1996, 11(3): 213 – 233.

[172] Chen M, Knospe C R. Control approaches to the suppression of machining chatter using active magnetic bearings[J]. Ieee Transactions on Control Systems

Technology, 2007, 15(2): 220 - 232.

[173] Nayfeh A H, Nayfeh N A. Time-delay feedback control of lathe cutting tools [J]. Journal of Vibration and Control, 2011, 8(18): 1106 - 1115.

[174] Nayfeh A, Nayfeh N. Analysis of the cutting tool on a lathe[J]. 2011, 63(3): 395 - 416.

[175] Pratt J R, Nayfeh A H. Chatter control and stability analysis of a cantilever boring bar under regenerative cutting conditions[J]. Philosophical Transactions of the Royal Society of London. Series A: Mathematical, Physical and Engineering Sciences, 2001, 359(1781): 759 - 792.

[176] Doolan P, Phadke M S, Wu S M. Computer design of a vibration-free face-milling cutter [J]. Journal of Manufacturing Science and Engineering-Transactions of the Asme, 1975, 97(3): 925 - 930.

[177] Tlusty J, Zaton W, Ismail F. Stability lobes in milling[J]. CIRP Annals — Manufacturing Technology, 1983, 32(1): 309 - 313.

[178] Fu H J, Devor R E, Kapoor S G. The optimal design of tooth spacing in face milling via a dynamic force model[C]//Proc. 12th North American Manufacturing Res. Conf. Houghton, Michigan: 1984, 291.

[179] Hoshi T, Sakisaka N, Moriyama J, et al. Study for practical application of fluctuating speed cutting for regenerative chatter control[J]. CIRP Annals, 1977, 25: 175 - 180.

[180] Sexton J S, Milne R D, Stone B J. A stability analysis of single point machining with varying spindle speed[J]. Applied Mathematical Modelling, 1977, 1: 310 -318.

[181] Takemura T, Kitamura T, Hoshi T. Active suppression of chatter by programmed variation of spindle speed[J]. CIRP Annals, 1974, 23: 121 - 122.

[182] Inamura T, Sata T. Stability analysis of cutting under varying spindle speed [J]. CIRP Annals, 1974, 23: 119 - 120.

[183] Sexton J, Stone B. The stability of machining with continuously varying spindle

speed[J]. CIRP Annals, 1978, 27: 321 – 326.

[184] Jemielniak K, Widota A. Suppression of self-excited vibration by the spindle speed variation method[J]. International Journal of Machine Tool Design and Research, 1984, 24(3): 207 – 214.

[185] Tsao T, Mccarthy M W, Kapoor S G. A new approach to stability analysis of variable speed machining systems[J]. International Journal of Machine Tools and Manufacture, 1993, 33(6): 791 – 808.

[186] Jayaram S, Kapoor S G, Devor R E. Analytical stability analysis of variable spindle speed machining[J]. Journal of Manufacturing Science and Engineering-Transactions of the Asme, 2000, 122(3): 391 – 397.

[187] Demir A, Hasanov A, Namachchivaya N S. Delay equations with fluctuating delay related to the regenerative chatter[J]. Non-Linear Mechanics, 2006(41): 464 –474.

[188] Chafee N. A bifurcation problem for a functional differential equation of finitely retarded type[J]. Journal of Mathematical Analysis and Applications, 1971, 35 (2): 312 – 348.

[189] Namachchivaya N S, Beddini R. Spindle speed variation for the suppression of regenerative chatter[J]. Journal of Nonlinear Science, 2003, 13(3): 265 – 288.

[190] Kong F S, Liu P, Zhao X G. Simulation and Experimental Research on Chatter Suppression Using Chaotic Spindle Speed Variation [J]. Journal of Manufacturing Science and Engineering-Transactions of the Asme, 2011, 133 (1): 14502.

[191] Inasaki I, Cheng C, Yonetsu S. Suppression of chatter in grinding[J]. Bulletin of the Japan Society of Precision Engineering, 1976, 9(1): 133 – 138.

[192] Knapp. Benefits of grinding with variable workspeed[D]. Philadelphia: The Pennsylvania State University, 1999.

[193] Barrenetxea D, Marquinez J I, Bediaga I, et al. Continuous workpiece speed variation (CWSV): Model based practical application to avoid chatter in

grinding[J]. Cirp Annals-Manufacturing Technology, 2009, 58(1): 319 - 322.

[194] álvarez J, Barrenetxea D, Marquínez J I, et al. Effectiveness of continuous workpiece speed variation (CWSV) for chatter avoidance in throughfeed centerless grinding[J]. International Journal of Machine Tools & Manufacture, 2011, 51(12): 911 - 917.

[195] Siddhpura M, Paurobally R. A review of chatter vibration research in turning [J]. Machine Tools and Manufacture, 2012(61): 27 - 47.

[196] Kuai J C, Zhang H L, Zhang F H. Grinding force model of single abrasive grain based on variable friction coefficient[J]. Fourth International Seminar on Modern Cutting and Measurement Engineering, 2011, 7997: 79970C.

[197] Durgumahanti U S P, Singh V, Rao P V. A New Model for Grinding Force Prediction and Analysis [J]. International Journal of Machine Tools & Manufacture, 2010, 50(3): 231 - 240.

[198] Lichun L, Jizai F, Peklenik J. A study of grinding force mathematical model [J]. CIRP Annals — Manufacturing Technology, 1980, 29(1): 245 - 249.

[199] Shimizu T, Inasaki I, Yonetsu S. Regenerative chatter during cylindrical traverse grinding[J]. Bulletin of the JSME, 1978, 152(21): 317 - 323.

[200] Fu J C, Troy C A, Morit K. Chatter classification by entropy functions and morphological processing in cylindrical traverse grinding[J]. Precision Engineering, 1996(18): 110 - 117.

[201] Shiau T N, Huang K H, Wang F C, et al. Dynamic response of a rotating ball screw subject to a moving regenerative force in grinding [J]. Applied Mathematical Modelling, 2010(34): 1721 - 1731.

[202] Allgower E L, Georg K. Introduction to numerical continuation methods[J]. Philadelphia: SIAM, 2003.

[203] Allgower E L, Georg K. Numerical continuation methods: an introduction [M]. New York: Springer-Verlag, 1990.

[204] Engelborghs K, Luzyanina T, Roose D. Numerical bifurcation analysis of delay

differential equations using DDE-BIFTOOL[J]. ACM Transactions on mathematical software, 2002, 28(1): 1 - 21.

[205] Das S L, Chatterjee A. Multiple scales without center manifold reductions for delay differential equations near Hopf bifurcations[J]. Nonlinear Dynamics, 2002, 30: 13.

[206] Nayfeh A H. Order reduction of retarded nonlinear systems —— the method of multiple scales versus center-manifold reduction[J]. Nonlinear Dynamics, 2008, 51: 483 - 500.

[207] Das S L, Chatterjee A. Second Order Multiple Scales for Oscillators with Large Delay[J]. Nonlinear Dynamics, 2005, 39: 375 - 394.

[208] Nayfeh A H. Resolving controversies in the application of the method of multiple scales and the generalized method of averaging [J]. Nonlinear Dynamics, 2005, 40(1): 61 - 102.

[209] Nayfeh A H, Mook D T. Nonliear Oscillations[M]. New York: Wiley Interscience, 1979.

[210] Nayfeh A H, Pai P F. Linear and nonlinear structural mechanics[M]. John Wiley & Sons, 2008.

[211] Cao Y Y, Chung K W, Xu J. A novel construction of homoclinic and heteroclinic orbits in nonlinear oscillators by a perturbation-incremental method [J]. Nonlinear Dynamics, 2011, 64(3): 221 - 236.

[212] Chan H S Y, Chung K W, Xu Z. A perturbation-incremental method for strongly non-linear oscillators [J]. International Journal of Non-Linear Mechanics, 1996, 31(1): 59 - 72.

[213] Chan H S Y, Chung K W, Xu Z. Stability and bifurcations of limit cycles by the perturbation-incremental method[J]. Journal of Sound and Vibration, 1997, 206(4): 589 - 604.

[214] Chung K W, Chan C L, Lee B H K. Bifurcation analysis of a two-degree-of-freedom aeroelastic system with freeplay structural nonlinearity by a

perturbation-incremental method[J]. Journal of Sound and Vibration, 2007, 299(3): 520 - 539.

[215] Chung K W, Chan C L, Xu J. An efficient method for switching branches of period-doubling bifurcations of strongly non-linear autonomous oscillators with many degrees of freedom[J]. Journal of Sound and Vibration, 2003, 267(4): 787 - 808.

[216] Chung K W, Chan C L, Xu J. A perturbation-incremental method for delay differential equations[J]. International Journal of Bifurcation and Chaos, 2006, 16(9): 2529 - 2544.

[217] Chung K W, Chan C L, Xu Z, et al. A perturbation-incremental method for strongly non-linear non-autonomous oscillators [J]. International Journal of Non-Linear Mechanics, 2005, 40(6): 845 - 859.

[218] Chung K W, He Y B, Lee B H K. Bifurcation analysis of a two-degree-of-freedom aeroelastic system with hysteresis structural nonlinearity by a perturbation-incremental method[J]. Journal of Sound and Vibration, 2009, 320(1 - 2): 163 - 183.

[219] Chung K W, Chan C L, Xu Z, et al. A Perturbation-Incremental Method for strongly nonlinear autonomous oscillators with many degrees of freedom[J]. Nonlinear Dynamics, 2002, 28(3): 243 - 259.

[220] Xu C F, Wang J L. An efficient incremental algorithm for frequent itemsets mining in distorted databases with granular computing[C]//2006 IEEE/WIC/ACM International Conference on Web Intelligence, (WI 2006 Main Conference Proceedings), 2006: 913 - 916.

[221] Xu G. Perturbations on the Orbits[M]. Orbits, Springer Berlin Heidelberg, 2008.

[222] Xu J, Chung K N. Delay reduced double Hopf bifurcation in a limit cycle oscillator: Extension of a perturbation-incremental method[J]. Dynamics of Continuous Discrete and Impulsive Systems-Series B-Applications &

Algorithms, 2004, 11A: 136 - 143.

[223] Xu J, Chung K W. A perturbation-incremental scheme for studying Hopf bifurcation in delayed differential systems [J]. Science in China Series E-Technological Sciences, 2009, 52(3): 698 - 708.

[224] Xu J, Chung K W. Dynamics for a class of nonlinear systems with time delay [J]. Chaos Solitons & Fractals, 2009, 40(1): 28 - 49.

[225] Xu J, Huang M S, Zhang Y Y. Dynamics due to non-resonant double hopf bifurcationin in van del Pol-Duffing system with delayed position feedback[J]. IUTAM Symposium on Dynamics and Control of Nonlinear Systems with Uncertainty, 2007, 2: 373 - 382.

[226] Zhang S, Xu J. Oscillation control for n-dimensional congestion control model via time-varying delay[J]. Science China Technological Sciences, 2011, 54(8): 2044 - 2053.

[227] Zhang S, Xu J. Quasiperiodic motion induced by heterogeneous delays in a simplified internet congestion control model [J]. Nonlinear Analysis: Real World Applications, 2013, 14(1): 661 - 670.

[228] Brinksmeier E, Aurich J C, Govekar E, et al. Advances in modeling and simulation of grinding processes[J]. Cirp Annals-Manufacturing Technology, 2006, 55(2): 667 - 696.

[229] Yongli S, Jian X. Inphase and antiphase synchronization in a delay-coupled system with applications to a delay-oupled FitzHugh-Nagumo system [J]. Neural Networks and Learning Systems, IEEE Transactions on, 2012, 23(10): 1659 - 1670.

[230] Ermentrout B. Simulating, analyzing, and animating dynamical systems: a guide to XPPAUT for researchers and students[M]. Philadelphia: Society for Industrial and Applied Mathematics, 2002.

[231] Nayfeh A H. Method of Normal Forms[M]. Weinheim, Germany: WILEY-VCH Verlag GmbH & Co. KGaA, 2011.

[232] Kim P, Jung J, Lee S, et al. Stability and bifurcation analyses of chatter vibrations in a nonlinear cylindrical traverse grinding process[J]. Journal of Sound and Vibration, 2013, 332(15): 3879 - 3896.

[233] Rowe W B. Principles of Modern Grinding Techonology[M]. Oxford, UK: Elsevier Inc. , 2009.

[234] Lin S C, Devor R E, Kapoor S G. The effects of variable speed cutting on vibration control in face milling[J]. Journal of Engineering for Industry — Transactions of the ASME, 1990, 112(1): 1 - 11.

[235] Nayfeh A. Forced oscillations of the van der Pol Oscillator with delayed amplitude limiting[J]. Circuit Theory, IEEE Transactions on, 1968, 15(3): 192 - 200.

后　记

　　九载同济生活，逝去的是青春，收获的是成长！好在这段年华没有被辜负，最终我竟能够把自己浅浅的思想化为这薄薄的一书，此时，我既感慨自己成果的来之不易，也更加感激众人这一路上的关怀呵护。

　　回想大一，懵懂的自己听到了徐鉴教授的亲身授教，一个彷徨的心便立刻受到了触动，自己儿时心中模糊的偶像也转瞬变成了鲜活的榜样。耳濡目染之际，渐渐成为自然的选择，时至今日，徐老师对于我五年的谆谆教诲在此刻凝聚，化成我终身的座右铭。忘不掉的是您的严苛，却也是您的慈爱，是您的严厉造就了我的严谨，也是您的爱护点亮了我生活的方向。您教给我的不仅是科学，也更是对待科学的态度。做事如是，做人亦如是，我学到的不单是知识，却也是安身立命之原则。对您万千的感激无法用这苍白的文字一一表述，只能对您说一句：徐老师辛苦了！

　　此书是我的成果，也是我家人的心血。父爱如山，父亲在我孩提时就已认定我会走上科学之路，并决心始终帮我走完前路，而此刻我也总算不负您之所望，在此领域能够有自己的一些小小收获。母爱如水，母亲爱子如命，却不问前途，不求回报，永远用自己点滴的爱来滋养我的成长。今日儿子长大成人，愿将此书献给您们。此刻，我希望妈妈的身体能够早日康复，愿您们二老能够健康长寿。

张薇,我的爱人,你是我生命中最美的阳光。同济的九年求学生涯始终有你相伴,你总是给予我无比的信任,让我拥有勇气一路向前。虽然上海米贵居大不易,你却用你的勤劳独自支撑着我们快乐的生活。虽然你的事业发展顺利,你却毅然放弃,随我去到异国他乡,重新建立我们的生活。与你的相遇点燃了我的青春,让它能够绽放出应有的光彩,而此书就是给你最好的礼物。

感谢 The University of Aberdeen 的 Marian Wiercigroch 教授,是您的慷慨给了我新的方向。感谢课题组的宋汉文老师、宋永利老师、陈力奋老师、方明霞老师、古华光老师、温建明老师、朱芳来老师和苏荣华老师。谢谢你们在学术上对我的无私帮助,你们对我的建议和意见永远鞭策我不断提高。

感谢赵艳影师姐、齐欢欢师姐、袁丽师姐、葛菊红师姐、徐荣改师姐、王彩虹师姐、陈娟娟师姐、孙艺瑕师姐、裴力军师兄、张栋师兄、镇斌师兄、黄坤师兄、宋自根师兄、王万永师兄、刘隆师兄、全炜倬师兄、陈月梨师妹、边菁师妹、孙秀婷师妹、黎丽师妹、宋贤云师妹、甄婷婷师妹、苏林玉师妹、陈振师弟、黄柱新师弟、莘智师弟、杨高翔师弟、张晓旭师弟、张呈波师弟、姚春斌师弟、张懿师弟、蔡鑫师弟、姜子望师弟、李魁师弟、李栾师弟、康慨师弟、颜粟师弟、占雄师弟(排名不分先后),与你们一同奋战的日子虽然辛苦,但也充满了乐趣,祝你们在人生新的旅途上能够焕发更加鲜艳的光芒。感谢同门蒋扇英、陈燕、方虹斌、孙宜强、张建波、杨英豪,我们是最亲密的战友,一同成长在这最好的季节,愿我们将来还能再携手共创佳绩。感谢张舒师兄,你的学识、你的耐心给予了我最直接的指导,每次向你请教总能得到最及时有效的回应,相信你未来的学生能够得到一位优秀的导师。我的兄弟姐妹们,和你们一起奋斗是我的荣幸,一路有你们陪伴的青春总是那么的快乐,我谨以此书献给你们。

此书课题所受资助来自国家自然科学基金重点项目,编号 11032009

以及国家自然科学基金面上项目,编号 11272236。

此书是对我研究生学习生涯的总结,是献给自己青春的礼物,并借此为自己新的人生开启另一扇大门。

严　尧